U0257690

权威·前沿·原创

皮书系列为
"十二五""十三五"国家重点图书出版规划项目

农业应对气候变化蓝皮书

BLUE BOOK OF
AGRICULTURE FOR ADDRESSING
CLIMATE CHANGE

中国农业气象灾害及其灾损评估报告（No.2）

ASSESSMENT REPORT OF AGRO-METEOROLOGICAL DISASTERS
AND YIELD LOSSES IN CHINA (No.2)

主　编／矫梅燕
副主编／周广胜　张祖强

社会科学文献出版社
SOCIAL SCIENCES ACADEMIC PRESS（CHINA）

图书在版编目(CIP)数据

中国农业气象灾害及其灾损评估报告. No.2 / 矫梅
燕主编. -- 北京:社会科学文献出版社,2017.1
(农业应对气候变化蓝皮书)
ISBN 978-7-5097-9974-1

Ⅰ.①中… Ⅱ.①矫… Ⅲ.①农业气象灾害－研究报
告－中国 Ⅳ.①S42

中国版本图书馆CIP数据核字(2016)第272186号

·农业应对气候变化蓝皮书·

中国农业气象灾害及其灾损评估报告(No.2)

主　　编 / 矫梅燕
副 主 编 / 周广胜　张祖强

出 版 人 / 谢寿光
项目统筹 / 王　绯　周　琼
责任编辑 / 周　琼　崔红霞

出　　版 / 社会科学文献出版社·社会政法分社 (010) 59367156
　　　　　　地址:北京市北三环中路甲29号院华龙大厦　邮编:100029
　　　　　　网址:www.ssap.com.cn
发　　行 / 市场营销中心 (010) 59367081　59367018
印　　装 / 三河市东方印刷有限公司

规　　格 / 开　本:787mm×1092mm 1/16
　　　　　　印　张:15.75　字　数:234千字
版　　次 / 2017年1月第1版　2017年1月第1次印刷
书　　号 / ISBN 978-7-5097-9974-1
定　　价 / 108.00元

皮书序列号 / B-2014-382

编委会名单

主要编撰者简介

矫梅燕 女，1962年出生，理学硕士，正研级高级工程师，硕士生导师。现任中国气象局副局长，兼任国家防汛抗旱总指挥部副秘书长、世界气象组织基本系统委员会副主席，主要从事气象监测预警和气象防灾减灾基础工作，是气候变化对中国农业影响评估报告的总设计者。

周广胜 男，1965年出生，理学博士，研究员，博士生导师。现任中国气象科学研究院副院长，主要从事全球变化对陆地生态系统影响研究。发表论文300余篇，其中SCI论文90余篇。曾获国家科技进步二等奖和中国科学院自然科学二等奖。

张祖强 男，1971年出生，理学博士，副研究员。现任中国气象局应急减灾与公共服务司司长，主要从事气候变化、公共气象服务、气象为农服务以及气象灾害防御管理工作。发表论文30余篇，曾获世界气象组织（WMO）青年科学家奖。

专题报告作者简介

房世波　博士，中国气象科学研究院研究员。主要从事农业遥感和气象灾害遥感、气候变化对农业影响及其适应研究，是世界气象组织 (WMO) 农业气象学委员会 (CAgM) 专家组成员。

郭建平　博士，中国气象科学研究院生态环境与农业气象研究所所长、研究员。主要研究方向为农业气象灾害监测预警和农业应对气候变化等，对东北低温冷害和玉米生产与气候变化有较系统的研究。

霍治国　学士，中国气象科学研究院研究员。主要从事农业气象灾害、农业病虫气象等研究，是农业部防灾减灾专家指导组成员。

矫梅燕　硕士，正研级高级工程师。现任中国气象局副局长，世界气象组织基本系统委员会副主席，全国农业气象标准化技术委员会主任委员，主要从事气象监测预警和气象防灾减灾基础工作。

居　辉　博士，中国农业科学院农业环境与可持续发展研究所研究员。主要从事气候变化对农业影响及其适应技术研究。

汲玉河　博士，中国气象科学研究院生态环境与农业气象研究所助理研究员。主要从事农业气象灾害及其风险评估研究。

李朝生 博士，中国气象局应急减灾与公共服务司农业气象处处长，高级工程师。主要从事农业与生态气象业务服务和管理工作。

毛留喜 博士，国家气象中心农业气象中心主任，正研级高级工程师。主要从事农业气象业务工作，研究方向包括农业气候区划、农业气象指标体系和生态气象监测评价。

潘亚茹 学士，中国气象局应急减灾与公共服务司高级工程师。主要从事农业气象业务服务管理工作。

申双和 博士，南京信息工程大学校长助理，滨江学院院长、教授，中国气象学会农业气象与生态气象学委员会主任委员。主要研究方向为应用气象和农业气象。

宋艳玲 博士，国家气候中心正研级高级工程师。主要从事气候变化对中国农业影响研究工作。

唐华俊 博士，中国农业科学院党组副书记、副院长、院士，比利时皇家科学院通信院士，全球变化研究国家重大科学研究计划（973计划）项目首席科学家。主要从事全球变化与我国粮食安全问题研究。

陶苏林 博士，南京信息工程大学应用气象学院。主要从事气候变化及其影响评估、数据变分同化理论、模型降阶理论研究。

王玉辉 博士，中国科学院植物研究所副研究员。主要从事气候变化对陆地生态系统影响研究。

杨晓光 博士，中国农业大学资源与环境学院农业气象系教授。主要从事气候变化对种植制度和作物体系影响与适应以及农业防灾减灾科研与教学工作。

张祖强 博士，现任中国气象局应急减灾与公共服务司司长，副研究员。主要从事气候变化、公共气象服务、气象为农服务以及气象灾害防御管理工作。

郑大玮 学士，中国农业大学资源与环境学院农业气象系教授。主要从事作物气象、农业减灾、农业适应气候变化的研究与教学工作。

周 莉 博士，中国气象科学研究院副研究员。主要从事生态与农业对气候变化的响应与适应、农业气象灾害监测与风险评估、陆地生态系统－大气相互作用研究。

周广胜 博士，中国气象科学研究院副院长、研究员，全球变化研究国家重大科学研究计划（973计划）项目首席科学家，国家杰出青年科学基金获得者。主要从事全球变化对陆地生态系统影响研究。

摘　要

全球变暖已是不争的事实，针对气候变化采取稳健的适应措施已成为国际社会共识。随着全球气候变化，极端天气气候事件危害有加重趋势。由于特殊的地理环境与减灾能力相对薄弱，我国一直是农业气象灾害比较严重的国家，气候变化又给农业气象灾害带来了一些新特点。本报告重点评价了我国主要粮食作物（小麦、玉米、水稻）主要种植区的主要农业气象灾害演变趋势及其气象灾损，为制定农业气象防灾减灾措施提供决策依据。报告主要结论如下。

1. 极端天气气候事件演变趋势

1961 年以来，全国高温事件趋多，低温事件显著减少；年均与各季霜冻日数均呈下降趋势；全国平均年雨日呈显著减少趋势，强降水事件呈增加趋势。在全球气候变化背景下，我国气候变得暖时更暖、旱时更旱、涝时更涝。

2. 干旱演变趋势

1961 年以来，全国农业干旱灾害发展呈面积增大和频率加快趋势，21 世纪以来干旱成灾率平均达 56%，且以秦岭－淮河线为界的北方旱灾影响程度与增速均明显大于南方。全国旱灾呈从南向北增加趋势，黄淮海地区旱灾影响最为严重，其次为长江中下游地区和东北地区，三大耕作区总受灾面积约占全国受灾面积的 69%，为旱灾频发区。

3. 小麦涝渍演变趋势

冬小麦涝渍呈增加趋势且生育后期灾害强度增加更明显。1961 年以来，长江中下游地区冬小麦的涝渍多发于苗期、拔节期和抽穗灌浆期，而少发于孕穗期，但变化趋势不同。1981~2010 年冬小麦涝渍除拔节期外均呈增加趋势，特别是在孕穗期和抽穗灌浆期，不仅发生灾害的趋势明显增加，而且灾害强度也显著增加。冬小麦各生育期的涝渍均呈南部多、北部少的分布格局。

4. 水稻高温热害演变趋势

水稻高温热害增加趋势明显且重度灾害显著增加。高温热害主要发生在抽穗开花期，1961 年以来高温热害均呈增多趋势，特别是 1981~2010 年重度高温热害增多趋势明显。长江中下游地区早稻高温热害呈西南部和东部多、中部和中西部少的分布格局；华南地区早稻高温热害少于长江中下游地区，呈北部多、南部少的分布格局；长江中下游地区一季稻高温热害呈西部多、东部少的分布格局。

5. 低温冷害演变趋势

1961 年以来，低温冷害总体呈减少态势，但 1981~2010 年低温阴雨呈增多趋势。长江中下游地区早稻低温阴雨和晚稻寒露风均呈减少态势；低温阴雨呈西部多、东部少的分布格局，寒露风呈西北部多、东南部少的分布格局。华南地区寒露风减少态势明显，呈东西部多、中部少的分布格局；低温阴雨增多态势明显，呈北部多、南部少的分布格局。东北地区水稻冷害减少态势明显，呈中北部多、南部少的分布格局；春玉米冷害减少态势明显，呈东南部和西南部少、中部和东北部多的分布格局。

6. 霜冻害演变趋势

1961 年以来，霜冻害总体呈减少趋势，但局部地区有加重趋势。黄淮海地区和长江中下游地区多发冬小麦苗期霜冻害，霜冻天数均呈减少态势；黄淮海地区呈西部多、东部少的分布格局，长江中下游地区呈北部多、南部少的分布格局；冬小麦发育提前使得霜冻害并未因霜冻天数的减少而减轻，部分地区甚至有加重趋势。东北地区春玉米乳熟期多发霜冻害，苗期少发霜冻害，但二者均呈减少态势；苗期霜冻害呈东部多、南部和北部少的分布格局，乳熟期霜冻害呈北部多、南部少的分布格局，但在黑龙江、吉林等部分地区，霜冻害有增多趋势。

7. 玉米气象灾损评估

1981~2012 年，春玉米主产区（黑、吉、辽）气象产量的波动幅度和灾年平均减产量明显大于夏玉米主产区（冀、鲁、豫），春玉米主产区灾年平均气象减产率（10.7%）明显大于夏玉米（5.3%），春玉米比夏玉米面临更大的灾损风险。灾年玉米单位面积减产量较高的省份是辽宁和青海，吉林和辽宁的玉米减产总量最大，辽宁、天津和黑龙江的灾年玉米气象减产率较大。北方的黑龙江、吉林、辽宁、青海以及南方的江西、安徽、湖南、广东等地是玉米气象灾损风险的高发区。

8. 冬小麦气象灾损评估

1981~2012 年，全国年均冬小麦趋势产量为 3237 kg/ha，呈显著增加趋势；灾年年均气象减产率为 2.3%，最大达 6.5%。宁夏、安徽的气象产量波动幅度较大，安徽、宁夏和西藏的单位面积气象减产量较大，河南和山东的气象减产总量较大，宁夏和甘肃的气象减产率较大。冬小麦气象灾损主要发生在西北干旱区和黄淮海平原等北方冬麦区，宁夏、甘肃和贵州等地是冬小麦气象灾损风险的高发区。

9. 一季稻气象灾损评估

1981~2012 年，全国年均一季稻趋势产量为 6399 kg/ha，呈显著增加趋势；灾年年均气象减产率为 2.1%，最大达 6.5%。江苏和四川的一季稻减产总量较大，河南、陕西的一季稻气象减产率较大。一季稻气象灾损主要发生在吉林、黑龙江等北方水稻产区和江苏、安徽、四川等南方水稻产区。吉林等地是一季稻气象灾损风险的高发区。

10. 双季早稻气象灾损评估

1981~2012 年，全国年均双季早稻趋势产量为 5299 kg/ha，呈弱增加趋势；灾年年均气象减产率为 2.2%，最大达 5.9%。安徽、湖北的气象产量波动幅度较大，安徽、湖北和云南的单位面积气象减产量较大，江西的气象减产总量最大，安徽的气象减产率最大，最大气象减产率达 32.6%。双季早稻气象灾损主要发生在安徽、江西、海南和云南等地，其中安徽是双季早稻气象灾损的高发区。

11. 双季晚稻气象灾损评估

1981~2012 年，全国年均双季晚稻趋势产量为 4990 kg/ha，呈明显增加趋势；灾年年均气象减产率为 3.2%，最大达 10.5%。云南的气象产量波动幅度最大，云南和广西的单位面积气象减产量较大，湖南的气象减产总量最大，云南和海南的气象减产率较大，其中云南最大气象减产率达 8.9%。双季晚稻与早稻的种植区域基本相同，但由于种植时期不同，气象灾损的风险区也不相同。双季晚稻气象灾损主要发生在云南、广西和海南等地。

12. 农业气象防灾减灾对策措施

围绕气候变化背景下农业增产增收与粮食安全这一重大国家需求，基于农业气象灾害的演变趋势及其影响分析，针对中国小麦、玉米和水稻等主要粮食作物及不同粮食主产区，本书提出了中国农业生产气象防灾减灾的具体对策措施，主要包括：第一，充分利用气候资源调整作物播种期，合理避减灾害危害；第二，选育高产优质、抗逆性强的作物品种，科学应对灾害类型变化的影响；第三，推广农业节水栽培模式，提升防旱避险水平；第四，加强农业气象灾害风险管理，提升防灾减灾能力；第五，强化农业气象灾害减灾管理，有效减轻灾害损失。

Abstract

Global warming has become an indisputable fact, and taking some robust measures adaptive to climate change has become the consensus of the international community. With the change of global climate, the damages caused by extreme weather and climate events show an increasing trend. Due to the special geographical environment and the weaker capacity of disaster reduction, China has always been the country with more serious agricultural meteorological disasters, and climate change has brought some new characteristics of agro-meteorological disasters. This report will focus on the evaluation of the main agro-meteorological disaster evolution trend and meteorological disaster damage in the main producing areas of China's major grain crops (wheat, maize, and paddy rice), in order to provide the basis for decision making to develop a series of agro-meteorological disaster prevention and mitigation measures. The main conclusions of the report are listed as follows.

1. Evolution trends of extreme weather and climate events

Since 1961, the high temperature events in the whole nation tended to increase, low temperature events showed significant decrease; the mean frost days of annual and different seasons (spring, summer, autumn and winter) showed decreasing trend. The national mean annual rainy days showed a significant decreasing trend, and heavy precipitation events showed increasing trend. China's climate becomes warmer when more warm, more dry when the drought, and more floods when floods in the context of global climate change.

2. Evolution trend of drought

Since 1961, both the area and occurrence frequency of the national agricultural drought disaster tended to increase. Since the beginning of the 21st century, the drought disaster rate reached about 56% on average, and the extend and intersity of the drought disasters in the north divided by the Qinling—Huaihe line were significantly greater than the south. The drought showed an increasing trend from south to north. Among them, the drought impact was the most serious in Huanghuaihai region, followed by the middle and lower reaches of the Yangtze River region and the Northeast China. The total disaster area accounted for about 69% of the affected areas of the country, and they became the drought prone areas.

3. Evolution trend of wheat waterlogging

The occurrence frequency of waterlogging in winter wheat showed an increasing trend, and the intensity of the disaster increased more obviously in the late growth stage. Since 1961, winter wheat waterlogging in the middle and lower reaches of the Yangtze River often happened in seedling, jointing stage and heading to filling stage, but less at booting stage. Moreover, their changing trends were different. During 1981 to 2010, winter wheat waterlogging showed an increasing trend except the jointing stage, especially both the occurrence frequency and intensity of winter wheat waterlogging increased significantly at booting and heading as well as filling stages. The spatial distribution of winter wheat waterlogging in all growth stages presented the patten of more in the south and less in the north.

4. Evolution trend of high temperature heat damage in paddy rice

The high temperature heat damage of paddy rice showed a pronunced increasing tendency, and the severe disasters increased significantly. It occurred mainly in the heading and flowering stages. Since 1961, the damage from high temperature heat damage tended to increase, especially during 1981 to 2010. The spatial distribution of early paddy rice heat harm was more in the southwestern and eastern part and less in the central and western part in the middle and lower reaches of the Yangtze River. The early rice heat in the Southern China injuried less than in the middle and lower reaches of the Yangtze River, and its spatial distribution was more in the northern part and less in the southern part. The high temperature heat harm of single−cropping paddy rice was more in the western part and less in the eastern part.

5. Evolution trend of chilling injury

Since 1961, the chilling damage showed a decreasing trend, but during 1981−2010, low temperature and rainy injury showed an increasing trend. In the middle and lower reaches of the Yangtze River, both the low temperature and rainy injury in early paddy rice and the cold dew wind in late paddy rice showed a decreasing trend; the low temperature and rainy injury showed the more in the western part and less in the eastern part, and the cold dew wind was more in the northwestern part and less in the southeastern part. In South China, the cold dew wind showed a decreasing trend, and more in the western and eastern parts and less in the central part; the low temperature and rainy injury showed an increasing trend, and was more in the northern part and less in the southern part. In Northeast China, the chilling injury of paddy rice showed a decreasing trend, and was more in the central and northern parts and less in the southern part. The chilling injury in spring maize showed a decreasing trend, was more in the central and northeastern parts and less in the southeastern and southwestern parts.

6. Evolution trend of frost damage

Since 1961, the frost damage generally decreased, but the changing tendency was aggravated in local areas. The frost damage in winter wheat often happened in the seedling stage in both the middle and lower reaches of the Yangtze River and the Huanghuaihai, and it also showed a decreasing trend. The spatial distribution was more in the western part and less in the eastern part in Huanghuaihai region, and more in the northern part and less in the southern part of the middle and lower reaches of the Yangtze River area. The frost damage of winter wheat did not decrease with decreasing frost days, even become worse in local areas due to the ahead of the development stage.

The frost damage in spring maize in Northeast China more often happened at the milk ripe stage, but less at the seedling stage. The frost damage at the milk ripe stage and the seedling stage both showed a decreasing trend. The frost damage was more in the eastern part and less in the southern while northern part at the seedling stage, while more in the northern part and less in the southern part at the milk ripe stage, however, the frost damage showed a increasing trend in Heilongjiang and Jilin provinces.

7. Assessment of maize meteorological disaster damage

During 1981 to 2012, the fluctuation range of the meteorological yield and the average yield reduction in the disaster year in the spring maize producing areas (Heilongjiang, Jilin and Liaoning provinces) were obviously more than those in the summer maize producing areas (Hebei, Shandong and Henan provinces). The mean meteorological yield reduction ratio in the spring maize producing areas (10.7%) was much more than that in the summer maize producing areas (5.3%). The spring maize faced greater damage risk than the summer maize. The yield reduction per unit area in the disaster year in the spring maize was higher in the provinces of Liaoning and Qinghai. The yield reduction in the disaster year was more in the provinces of Jilin and Liaoning, and the meteorological yield reduction ratio was greater in the provinces of Liaoning, Tianjin and Heilongjiang. The meteorological disaster risk was higher in the northern provinces of Heilongjiang, Jilin, Liaoning, Qinghai and the southern provinces of Jiangxi, Anhui, Hunan, Guangdong.

8. Assessment of winter wheat meteorological disaster damage

During 1981 to 2012, the annual mean winter wheat trend yield in the national level was about 3237kg / ha, and showed an increasing trend. The annual mean meteorological yield reduction ratio in the disaster year was 2.3%, and the maximum value reached about 6.5%. The fluctuation range of the meteorological yield was greater in the provinces of Ningxia and Anhui. The meteorological yield reduction per unit area in the disaster year was greater in the provinces of Anhui, Ningxia and Tibetan. The meteorological yield reduction was greater in the provinces of Henan and Shandong.

The meteorological yield reduction ratio in the disaster year was more in the provinces of Ningxia and Gansu. The winter wheat meteorological disaster damage mainly happened in the Northwest arid region and Hunaghuaihai plain. The meteorological disaster risk was higher in the provinces of Ningxia, Gansu and Guizhou.

9. Assessment of single cropping paddy rice meteorological disaster damage

During 1981 to 2012, the annual mean single cropping paddy rice trend yield in the national level was about 6399kg/ha, and showed an obvious increasing trend. The annual mean meteorological yield reduction ratio in the disaster year was 2.1%, and the maximum value reached about 6.5%. The meteorological yield reduction in the disaster year was greater in the provinces of Jiangsu and Sichuan. The meteorological yield reduction ratio in the disaster year was more in the provinces of Henan and Shaanxi. The meteorological disaster damage of single cropping paddy rice mainly happened in the northern rice producing area of Jilin and Heilongjiang provinces and the southern rice producing area of Jiangsu, Anhui and Sichuan provinces. The meteorological disaster risk was higher in the province of Jilin.

10. Assessment of early paddy rice meteorological disaster damage

During 1981 to 2012, the annual mean early paddy rice trend yield in the national level was about 5299kg/ha, and showed a slight increasing trend. The annual mean meteorological yield reduction ratio in the disaster year was 2.2%, and the maximum value reached about 5.9%. The fluctuation range of the meteorological yield was greater in the provinces of Anhui and Hubei. The meteorological yield reduction per unit area was greater in the provinces of Anhui and Hubei. The meteorological yield reduction was the greatest in the province of Jiangxi. The meteorological yield reduction ratio was the greatest in the province of Anhui (32.6%). The meteorological disaster damage of early paddy rice mainly happened in the provinces of Anhui, Jiangxi, Hainan and Yunnan. The meteorological disaster risk was higher in the province of Anhui.

11. Assessment of late paddy rice meteorological disaster damage

During 1981 to 2012, the annual mean late paddy rice trend yield in the national level was about 4990kg/ha, and showed an obvious increasing trend. The annual mean meteorological yield reduction ratio in the disaster year was 3.2%, and the maximum value reached about 10.5%. The fluctuation range of the meteorological yield was the greatest in the province of Yunnan. The meteorological yield reduction per unit area was greater in the provinces of Yunnan and Guangxi. The meteorological yield reduction was the greatest in the province of Hunan. The meteorological yield reduction ratio was the greatest in the province of Yunnan (8.9%). The planting regions of double cropping late rice and early rice were almost the same. However, their meteorological disaster risks were different due to different planting times. The meteorological disaster damage of late paddy rice mainly happened in the provinces of Yunnan, Guangxi and Hainan, and these provinces were also the regions with higher meteorological disaster risk.

12. Agro-meteorological disaster prevention and mitigation measures

In order to increase agricultural production and ensure food security under the background of climate change, China agro-meteorological disaster prevention and mitigation measures for main grain crops (wheat, maize and paddy rice) and major grain crop producing areas were proposed in this book, in terms of both the evolution trend of agro-meteorological disasters and their effects, which mainly include: ① to make full use of climatic resources and adjust the crop sowing time in order to avoid disaster reasonably; ② to breed high yield, good quality and strong resistance of crop varieties in order to scientifically cope with the change of disaster type changes; ③ to promote agricultural water-saving cultivation mode in order to reduce drought risk level; ④ to strengthen agro-meteorological disaster risk management in order to enhance the ability of disaster prevention and mitigation; ⑤ to strengthen agro-meteorological disaster reduction management in order to effectively reduce the loss caused by the disaster.

目　录

皮书数据库阅读**使用指南**

CONTENTS

Ƀ I   General Report

Ƀ II   Special Topic Reports

总 报 告

General Report

中国农业气象灾害演变
及减灾避险对策

摘 要:

> 在全球气候变暖背景下,中国极端气候事件呈增加趋势,气候将变得暖时更暖、旱时更旱、涝时更涝。农业干旱灾害呈面积增大和频率加快趋势,且北方旱灾影响明显比南方严重;冬小麦涝渍呈增加趋势且生育后期灾害强度增加更为明显;水稻高温热害增加趋势明显且重度灾害显著增加,低温冷害总体呈减少态势,但1981年以来低温阴雨呈增加趋势;霜冻害总体呈减少趋势但局部地区有加重趋势。农业气象灾害的演变趋势、强度和类型已经发生显著变化,使得当前针对农业气象灾害开展种植制度调整的避灾农业面临二次避灾风险,严重影响国家粮食安全、生态文明建设和精准扶贫。

关键词：

> 主要粮食作物 农业气象灾害 农业气象灾损 趋势 影响评估

一 全国气候逐渐变得更暖、更旱、更涝

在全球气候变暖背景下，中国极端气候事件呈增加趋势。1961 年以来，中国单站极端强降水事件站次比呈升高趋势，极端低温事件站次比显著下降；区域性高温事件频次趋多，低温事件频次显著减少；霜冻日数呈减少趋势；全国平均年雨日呈显著减少趋势，而年累计暴雨站日数呈显著增加趋势，区域性强降水事件的频次呈弱增加趋势，导致暖时更暖、旱时更旱、涝时更涝。

二 农业气象灾害趋势、强度和类型显著改变

干旱灾害呈面积增大和频率加快趋势且北方旱灾影响明显比南方严重。1961 年以来，全国气象干旱事件频次呈上升趋势；年及四季的持续干期由东南向西北呈逐渐增加趋势，高值区出现在新疆、西藏、甘肃、青海、内蒙古等西部地区。全国农业干旱灾害发展具有面积增大和频率加快的趋势，特别是 21 世纪以来干旱成灾率平均为 56% 左右，全国农业干旱化与旱灾影响呈显著增加趋势，且以秦岭－淮河线为界的北方旱灾影响明显高于南方，增速也比南方快。旱灾发生呈由南向北增加的趋势，黄淮海地区的旱灾平均受灾面积占全国受灾面积的比例最高，其次为长江中下游地区和东北地区，三大耕作区总平均受灾面积约占全国受灾面积的 69%，为旱灾频发区。

冬小麦涝渍呈增加趋势且生育后期灾害强度增加更明显。1961 年以来，长江中下游地区冬小麦的涝渍多发于苗期、拔节期和抽穗灌浆期，而少发于孕穗期，但变化趋势不同（见表 1）。1981 年以来，长江中下游地区冬小麦涝渍除拔节期外均呈增加趋势，特别是在孕穗期和抽穗灌浆期，不仅发生灾害的趋势明显增加，而且灾害强度也显著增加。冬小麦各生育期的涝渍均呈南部多、北部少的分布格局。

水稻高温热害增加趋势明显且重度灾害显著增加。高温热害主要发生在长江中下游一季稻和双季早稻以及华南双季早稻的抽穗开花期（见表1）。1961年以来高温热害呈增多趋势，特别是1981年以来重度高温热害增多趋势明显。长江中下游地区双季早稻高温热害呈西南部和东部多、中部和中西部少的分布格局；华南地区双季早稻高温热害少于长江中下游地区，呈北部多、南部少的分布格局；长江中下游地区一季稻高温热害呈西部多、东部少的分布格局。

　　低温冷害总体呈减少态势，但1981年以来低温阴雨呈增加趋势。长江中下游地区晚稻寒露风均呈减少态势；低温阴雨呈西部多、东部少的分布格局；寒露风呈西北部多、东南部少的分布格局。华南地区寒露风呈减少态势，且东西部多、中部少；低温阴雨呈增多态势，且北部多、南部少。东北地区一季稻冷害呈减少态势，且中北部多、南部少；春玉米冷害呈减少态势，且东南部和西南部少、中部和东北部多。

表1　中国主要粮食作物种植区主要农业气象灾害变化趋势

灾害	区域	发育期	1961~2012年				1981~2010年			
			总过程	轻	中	重	总过程	轻	中	重
涝渍	长江中下游冬小麦	苗期	减				增			
		拔节期	减	减	增	减	减	减	减	减
		孕穗期	减	减	减	减	增	增	增	减
		抽穗灌浆期	减	减	减	减	增	减	减	增
高温热害	长江中下游一季稻	抽穗开花期	减	增	减	增	增	增	增	增
	长江中下游早稻	抽穗开花期	增	增	增	增	增	增	增	增
	华南早稻	抽穗开花期	增	增	增	增	增	增	增	增
低温阴雨	长江中下游早稻	播种育秧期	减	减	减	减	增	增	减	减
	华南早稻	播种育秧期	增	增	增	减	减	减	减	减
寒露风	长江中下游晚稻	抽穗开花期	减	增	减	减	减	减	减	减
	华南晚稻	抽穗开花期	减	减	减	减	减	减	减	减
冷害	东北一季稻	5~9月	减	减	减	减	减	减	减	减
	东北春玉米	5~9月	减	减	减	减	减	减	减	减
霜冻害	黄淮海冬小麦	苗期	减	减	减	减	减	减	减	减
	长江中下游冬小麦	苗期	减	减	减	减	减	减	减	减
	东北春玉米	苗期	减	减	减	减	减	减	减	减
		乳熟期	减	减	减	减	减	减	减	减

霜冻害总体呈减少趋势但局部地区有加重趋势。黄淮海地区和长江中下游地区多发冬小麦苗期霜冻害，霜冻天数均呈减少态势；黄淮海地区呈西部多、东部少的分布格局，长江中下游地区呈北部多、南部少的分布格局；但由于冬小麦发育期提前，霜冻害并未因霜冻天数减少而减轻，部分地区甚至有加重趋势。东北地区春玉米乳熟期霜冻害多发，苗期霜冻害少发，但均呈减少态势；苗期呈东部多、南部和北部少的分布格局，乳熟期呈北部多、南部少的分布格局；在黑龙江、吉林等部分地区霜冻害有增加趋势。

三　农业气象灾损严重且分异显著

春玉米较夏玉米气象灾损严重。1981~2012 年全国玉米灾年平均减产率呈下降趋势，玉米气象减产率为 2.5%。春玉米主产区（黑龙江、吉林、辽宁）气象产量的波动幅度和灾年平均减产量明显大于夏玉米主产区（河北、山东、河南），春玉米主产区灾年平均气象减产率（10.7%）明显大于夏玉米（5.3%）。灾年玉米单位面积减产量较高的省份是辽宁和青海，吉林和辽宁的玉米减产总量最大，辽宁、天津和黑龙江的灾年玉米气象减产率较大。北方的黑龙江、吉林、辽宁、青海以及南方的江西、安徽、湖南、广东等地是玉米气象灾损风险的高发区。

冬小麦气象灾损波动幅度大。1981~2012 年全国冬小麦灾年平均减产率呈下降趋势，平均气象减产率为 2.3%。全国年均冬小麦趋势产量为 3237 kg/ha，呈显著增加趋势；灾年年均气象减产率为 2.3%，最大达 6.5%。宁夏、安徽的气象产量波动幅度较大，安徽、宁夏和西藏的单位面积气象减产量较大，河南和山东的气象减产总量最大，宁夏和甘肃的气象减产率较大。冬小麦气象灾损主要发生在西北干旱区和黄淮海平原等北方冬麦区，宁夏、甘肃和贵州是冬小麦气象灾损风险的高发区。

水稻气象灾损分异显著。1981~2012 年全国水稻（一季稻、双季早稻和晚稻）灾年平均减产率总体均呈下降趋势，一季稻、双季早稻和晚稻的气象减产率分别为 2.1%、2.2% 和 3.2%。全国水稻年均趋势产量均呈显著增加趋势；双季晚稻灾年年均气象减产率（3.2%，最大达 10.5%）最大，双季早稻

（2.2%，最大达 5.9%）次之，一季稻（2.1%，最大达 6.5%）最小。省级尺度的气象灾损差异显著，双季早稻最大气象减产率（安徽 32.6%）最大，一季稻（河南 29.6%）次之，双季晚稻（云南 8.9%）最小。气象灾损高发区也不相同，一季稻气象灾损主要发生在吉林、天津和新疆等地；双季早稻气象灾损主要发生在安徽；双季晚稻气象灾损主要发生在云南、广西和海南等地。

四　提升农业气象减灾避险生产能力的建议

虽然在全球气候变化背景下农业气象灾害已经对中国农业生产造成了不利影响，但仍可通过采取有效措施提升防灾避险水平。尽管目前针对农业气象灾害采取了许多应对措施，但仍缺乏系统的理论研究与应用示范，因此必须从国家长期发展的战略高度重视和强化气象灾变与粮食保产减损的技术工作。

（一）充分利用气候资源调整作物播种期，合理避减灾害危害

考虑到气候变暖，北方农区应适度推迟秋播、提前春播。华北冬小麦秋播可普遍推迟 7 天以上，并可选择更长生育期的玉米品种与之配套；东北平原玉米春播配合地膜覆盖可提前到日均气温稳定通过 7℃的时候；长江中下游早稻播种期可适当提前，中稻可选用相对晚熟的品种，以避减水稻伏旱、高温热害；河套春小麦播种期可提前到日均气温稳定通过 -2℃的时候，以避减潮塌危害；旱作区春小麦为避免"卡脖旱"可适当推迟播种期。

（二）选育高产优质、抗逆性强的作物品种，科学应对灾害类型变化的影响

针对全球气候变暖背景下农业气象灾害趋势、强度和类型变化的差异性，应合理设计与调整育种的主抗与兼抗目标。在气候暖干化背景下，发生高温热害的地区应培育耐旱耐热作物品种；在气候暖湿化背景下，发生高温热害的地区应培育耐湿耐热作物品种。黄淮海地区小麦育种可适度降低对冬性的要求，但必须保持或增强对春霜冻的抗性。

（三）推广农业节水栽培模式，提升防旱避险水平

推广节水保水农业技术是缓解水资源供需矛盾的有效措施。华北冬麦区可适时足量浇好越冬水，冬前耙糖保墒和冬季镇压提墒；黄淮麦区南部旱地可改撒播为机播，秋冬干旱年冬前适时适量灌溉，冬季镇压或在白天高于3℃时少量补灌。北方旱作春玉米可采用膜下滴灌技术。黄土高原和丘陵山区旱作玉米可采用集雨补灌，平原旱作玉米采用沟植垄盖就地集雨。

（四）加强农业气象灾害风险管理，提升防灾减灾能力

应对农业气象灾害首先要进行风险分析，分析农业气象孕灾环境、致灾因子、承灾体脆弱性、抗灾能力和灾情，评估农业气象灾害风险，有针对性地采取不同的风险管理对策。同时，进一步完善农业气象灾害的监测、预报和预警体系，特别是要加强数据分析和预测技术研发，建立各级气象灾害应急管理系统，研究主要作物的不同气象灾害危害防御机制及形态特征的鉴别标准与诊断方法，以实现高效的应急管理和紧急处置。

（五）强化农业气象灾害减灾管理，有效减轻灾害损失

农业气象减灾是一项复杂的系统工程，要形成政府主导、农业企业发挥市场机制和公众广泛参与的多元主体综合减灾格局，统筹协调和优化配置全社会的减灾资源，科学指导防灾、抗灾和救灾等各个减灾环节，加强风险管理与能力建设，最大限度和高效率地减轻农业气象灾害的损失。为此，需要建立健全农业减灾的各级管理机构，做好气象部门和农业部门的协调工作，建立针对不同灾种和不同作物的可操作性应急预案，加强减灾工程建设与备灾物资储备，建立全国范围的按流域统筹分配的水资源制度，推广普及现有农业气象减灾实用技术，建立主要作物品种抗逆性鉴定制度并编制品种适宜种植区划，大力推进农业灾害保险试点，构建不同产区主要粮食作物适应气候变化的防灾减灾农业技术体系，构建具有中国特色的农业气象减灾理论体系与区域性减灾技术体系。

专 题 报 告

Special Topic Reports

极端天气气候事件演变趋势

极端天气气候事件指天气（气候）的状态严重偏离其平均态，在统计意义上属于不易发生的气象事件，其发生概率通常小于 5% 或 10%。随着全球气候变暖，极端天气气候事件的发生频率改变，呈现出增多、增强的趋势。

一 单站极端气候事件

1961~2013 年，全国极端高温事件站次比在不同时期的变化显著，20 世纪 90 年代末以来显著偏高（见图 1a）；极端低温事件站次比呈显著减少趋势，平均每 10 年减少 0.13 次 / 站（见图 1b）。1961~2013 年，极端日降水量事件站次比呈弱增加趋势（见图 2）。

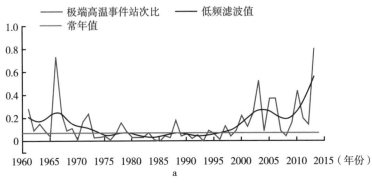

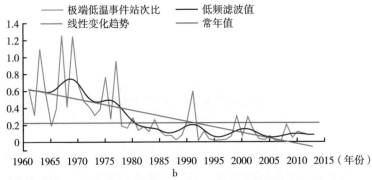

图1 1961~2013年全国极端高温（a）和极端低温（b）事件站次比

资料来源：中国气象局气候变化中心《中国气候变化监测公报2013》。

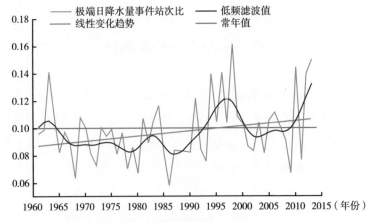

图2 1961~2013年全国极端日降水量事件站次比

资料来源：中国气象局气候变化中心《中国气候变化监测公报2013》。

二 区域性高温与低温事件

（一）区域性高温事件

1961~2013 年，全国区域性高温事件频次呈显著增多趋势（见图3），其间共发生 201 次区域性高温事件，包括极端高温事件 22 次、严重高温事件 42 次、中度高温事件 74 次和轻度高温事件 63 次。20 世纪 60 年代前期和 90 年代末以来为高温事件频发期。极端高温事件频次最高值出现在 1963 年（8 次），1993 年最少（未发生）。2013 年，全国共发生 7 次区域性高温事件，其中南方盛夏出现的连续高温热浪综合强度为 1961 年以来之最。

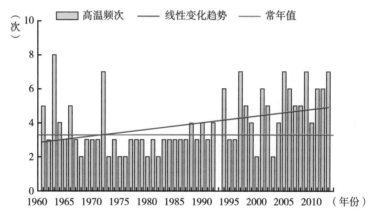

图 3　1961~2013 年全国区域性高温事件频次

资料来源：中国气象局气候变化中心《中国气候变化监测公报 2013》。

（二）区域性低温事件

1961~2013 年，全国区域性低温事件呈显著减少趋势（见图4），其间共发生 190 次区域性低温事件，其中极端低温事件 21 次、严重低温事件 36 次、中度低温事件 73 次、轻度低温事件 60 次。20 世纪 60 年代至 80 年代中

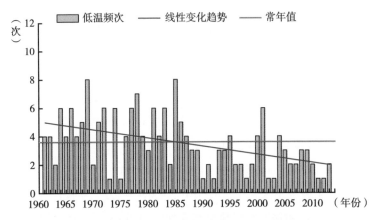

图 4　1961~2013 年全国区域性低温事件频次

资料来源：中国气象局气候变化中心《中国气候变化监测公报 2013》。

期为低温事件频发期，低温事件频次最高值出现于 1969 年和 1985 年，均出现了 8 次。

三　区域性霜冻日数

在此，选取"欧洲地区极端事件统计和区域动力降尺度"项目（STARDEX）提出的霜冻日数指数，即日最低气温不高于 0℃的全部日数（STARDEX Diagnostic Extremes Indices Software User Information，2004）。考虑到夏季全国大部分地区无霜冻，主要分析春季、秋季与冬季的霜冻日数空间演变趋势。

（一）年际变化

1961~2012 年，全国年均霜冻日数呈波动式下降趋势。年均霜冻日数范围为 95~117 天，平均值为 106.7 天，气候倾向率为 –3.03 天 /10a（见图 5a）。与 1961~2012 年相比，1981~2010 年的霜冻日数降低趋势更为明显，范围为 95~114 天，平均值为 103.6 天，气候倾向率为 –4.18 天 /10a（见图 5b）。

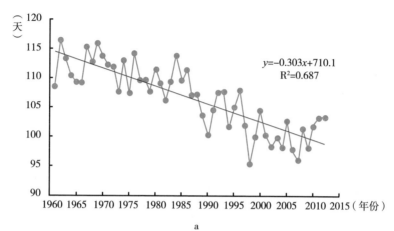

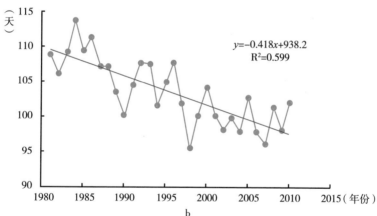

图5　1961~2012年（a）和1981~2010年（b）全国霜冻日数年际变化

（二）季节变化

1961~2012年，全国春季、夏季、秋季和冬季四季的年均霜冻日数均呈减少趋势，但各季减少程度有所不同，其中冬季减少趋势最为明显，其次是春季、秋季，最少的是夏季。1981~2010年的霜冻日数除夏季略有增加外，其余各季均呈减少趋势，且与1961~2012年变化趋势相比，减少程度有所增加，其中冬季减少程度最大，达1.44天/10a（见图6、表1）。

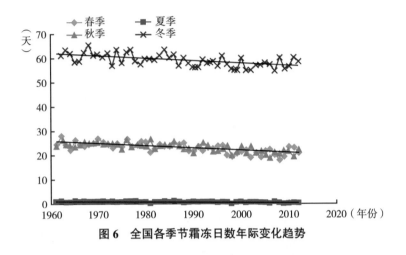

图6 全国各季节霜冻日数年际变化趋势

表1 全国各季节霜冻日数年际变化趋势方程

季节	1961~2012 年	1981~2010 年
春季	$y = -0.104x + 231.3$　$R^2 = 0.512$	$y = -0.139x + 301.1$　$R^2 = 0.393$
夏季	$y = -0.013x + 27.42$　$R^2 = 0.606$	$y = 0.037x - 60.24$　$R^2 = 0.526$
秋季	$y = -0.082x + 187$　$R^2 = 0.460$	$y = -0.123x + 269.4$　$R^2 = 0.370$
冬季	$y = -0.108x + 273.7$　$R^2 = 0.367$	$y = -0.144x + 345.2$　$R^2 = 0.314$

（三）空间分布

1. 年霜冻日数

1961~2012 年，全国年均霜冻日数为 0~321.33 天，平均为 106.60 天。年均霜冻日数超过 200 天的地区主要集中在青海、西藏、黑龙江北部、内蒙古东北部及新疆的零星地区（见图7a）。1981~2010 年，全国年均霜冻日数为 0~317.17 天，平均为 103.60 天，年均霜冻日数的空间格局与 1961~2012 年相比没有明显变化，无霜冻的地区略有增加（见图7b）。

1961~2012 年，全国各站年霜冻日数变化范围为 -102.82~22.44 天，平均为 -15.79 天，有 469 个站的变化趋势达到显著水平（P < 0.05），有 418 个站达到极显著水平（P < 0.01）。其中，全国大部分站点（506 个）的年均霜冻日

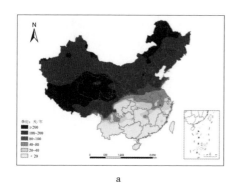
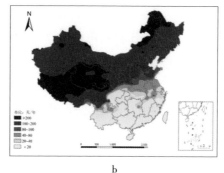

a   b

图7　1961~2012年（a）和1981~2010年（b）年均霜冻日数分布

数呈现减少趋势，最大变幅为 -102.82 天，平均变幅为 -17.39 天。188 个站点 52 年霜冻日数减少幅度超过 20 天，其中 3 个站点超过 50 天，霜冻日数减少的地区主要分布在新疆、云南、四川、西藏、山东、青海、内蒙古、江苏、辽宁、河南、河北、湖北等地。14 个站点的年霜冻日数呈增加趋势，52 年最大增幅为 22.44 天，平均为 6.63 天，2 个站点的增加幅度超过 10 天（见图 8a）。

1981~2010 年，全国各站年霜冻日数变化趋势的空间分布与 1961~2012 年类似，亦呈现由南向北减少的趋势，变化范围为 -81.20~17.49 天，平均为 -12.55 天。121 个站点的减少幅度超过 20 天，降幅超过 50 天的站点有 3 个。与 1961~2012 年相比，1981~2010 年年霜冻日数减少幅度有所减小，呈增幅的站有所增加，达 37 个，最大增幅为 17.79 天，平均为 2.29 天，零星分布

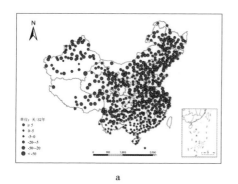
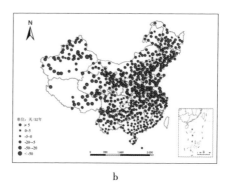

a   b

图8　1961~2012年（a）和1981~2010年（b）全国各站霜冻日数变化趋势

于广东、广西、贵州、云南、四川、福建、湖南、湖北、河北、内蒙古、黑龙江、青海、宁夏、山西等地（见图8b）。

2. 春季霜冻日数

1961~2012 年，全国年均春季霜冻日数为 0~91.85 天，平均为 23.31 天。年均春季霜冻日数超过 50 天的地区集中分布在黑龙江、内蒙古、新疆、西藏、四川、吉林、山西等地（见图9a）。1981~2010 年，全国年均春季霜冻日数为 0~91.8 天，平均为 22.27 天，空间格局与 1961~2012 年相比没有明显变化（见图9b）。

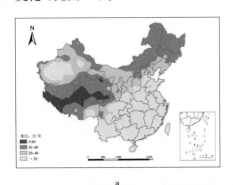
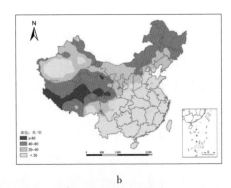

a   b

图9 1961~2012 年（a）和 1981~2010 年（b）年均春季霜冻日数分布

1961~2012 年，全国各站春季霜冻日数变化范围为 -29.35~6.35 天，平均为 -5.44 天，有 314 个站的变化趋势达到显著水平（P < 0.05），248 个站达到极显著水平（P < 0.01）。全国大部分站点（434 个）春季霜冻日数呈减少趋势，最大变幅为 -29.35 天，平均变幅为 -6.99 天。121 个站点 52 年春季霜冻日数减少超过 10 天，6 个站点超过 20 天，霜冻日数减少的地区主要分布在山西、云南、西藏、青海、内蒙古、四川等地；36 个站点呈上升趋势，最大增幅为 6.35 天，平均为 0.92 天，7 个站点上升幅度超过 2 天，霜冻日数增加的地区主要分布在湖南、江西、福建、贵州、湖北、浙江、青海、新疆等地（见图10a）。

1981~2010 年，全国各站春季霜冻日数变化趋势的空间分布与 1961~2012 年类似，亦呈现由南向北减少的趋势，变化范围为 -34.83~10.16 天，平均

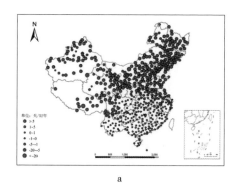
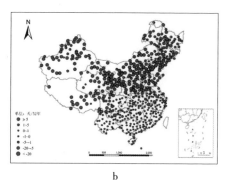

图 10　1961~2012 年（a）和 1981~2010 年（b）各站春季霜冻日数变化趋势

为 –4.19 天。59 个站点降低幅度超过 10 天，降幅超过 20 天的站点有 2 个。与 1961~2012 年的变化趋势相比，1981~2010 年春季霜冻日数的降低幅度有所增加，站点也有所增加，达 62 个，最大增幅为 10.16 天，平均为 0.76 天，零星分布在湖南、浙江、江西、安徽、湖北、福建、贵州、黑龙江等地（见图 10b）。

3. 秋季霜冻日数

1961~2012 年，全国年均秋季霜冻日数为 0~86.23 天，平均为 23.31 天。年均秋季霜冻日数超过 50 天的地区集中分布在黑龙江、内蒙古、青海、新疆、西藏、四川、吉林、甘肃、山西等地（见图 11a）。1981~2010 年，全国年均秋季霜冻日数为 0~85.83 天，平均为 22.64 天，年均秋季霜冻日数空间分布格局与 1961~2012 年相比没有明显变化（见图 11b）。

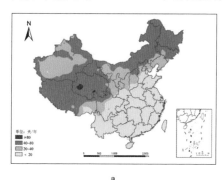
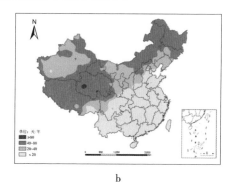

图 11　1961~2012 年（a）和 1981~2010 年（b）年均秋季霜冻日数分布

1961~2012 年，全国各站秋季霜冻日数变化范围为 –33.81~16.21 天，平均为 –4.30 天，有 275 个站点的变化趋势达到显著水平（P < 0.05），209 个站点达到极显著水平（P < 0.01）。全国大部分站点（423 个）秋季霜冻日数呈现减少趋势，最大变幅为 –33.81 天，平均变幅为 –5.81 天，78 个站点秋季霜冻日数减少超过 10 天，4 个站点超过 20 天，霜冻日数减少的区域主要分布在新疆、山西、青海；38 个站点秋季霜冻日数呈上升趋势，最大增幅为 16.20 天，平均为 2.35 天，14 个站点上升幅度超过 2 天，霜冻日数增加的区域零星分布在新疆、山西、青海、山西、黑龙江、河南、河北、山西等地（见图 12a）。

1981~2010 年，全国各站秋季霜冻日数变化趋势的空间分布与 1961~2012 年类似，亦呈现由南向北减少的趋势，变化范围为 –35.28~10.29 天，平均为 –3.71 天，48 个站点降低幅度超过 10 天，降幅超过 20 天的站点有 4 个。与 1961~2012 年的变化趋势相比，1981~2010 年秋季霜冻日数降低幅度有所减小，秋季霜冻日数增加的站点数量有所增加，达 59 个，最大增幅为 10.29 天，平均为 1.47 天，零星分布在安徽、贵州、河南、河北、黑龙江、湖南、湖北、江西、内蒙古、山西、陕西、四川、辽宁等地（见图 12b）。

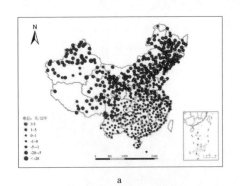
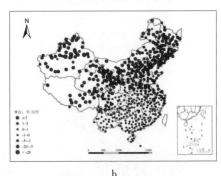

图 12 1961~2012 年（a）和 1981~2010 年（b）各站秋季霜冻日数变化趋势

4. 冬季霜冻日数

1961~2012 年，全国年均冬季霜冻日数为 0~90.26 天，平均为 59.17 天。年均冬季霜冻日数超过 80 天的地区集中分布在甘肃、河北、黑龙江、吉林、

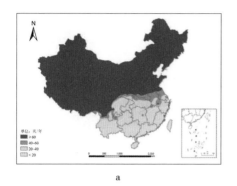

a

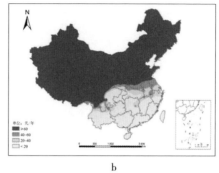

b

图 13 1961~2012 年（a）和 1981~2010 年（b）年均冬季霜冻日数分布

辽宁、内蒙古、宁夏、青海、山东、山西、陕西、西藏、新疆等地（见图
13a）。1981~2010 年，全国年均冬季霜冻日数为 0~90.23 天，平均为 58.04 天，
冬季霜冻日数的空间格局与 1961~2012 年相比没有明显变化（见图 13b）。

1961~2012 年，全国各站冬季霜冻日数变化范围为 –76.70~3.28 天，平
均为 –5.63 天，有 251 个站点变化趋势达到显著水平（$P < 0.05$），193 个站
点达到极显著水平（$P < 0.01$）。全国大部分站点（397 个）的冬季霜冻日数
呈减少趋势，最大变幅为 –76.70 天，平均变幅为 –7.85 天，超过 30 天的站
点有 7 个，降幅超过 20 天的站点有 45 个。霜冻日数减少的区域集中分布在
中南部地区，特别是江淮地区。119 个站点冬季霜冻日数呈增加趋势，最大
增幅为 3.28 天，平均为 0.1 天，仅 1 个站点上升幅度超过 1 天，霜冻日数增
加的地区主要分布于东北和西北地区（见图 14a）。

1981~2010 年，全国各站冬季霜冻日数变化趋势的空间分布与 1961~2012
年类似，变化幅度为 –63.99~7.13 天，平均为 –4.32 天，5 个站点的降低
幅度超过 30 天，降幅超过 20 天的站点有 26 个。与 1961~2012 年类似，
1981~2010 年冬季霜冻日数减少区域亦出现在中南部地区，北方地区以增加
趋势为主，但广东、广西无霜冻或霜冻日数略有增加。与 1961~2012 年变
化趋势相比，1981~2010 年冬季霜冻日数降低幅度有所减小，霜冻日数增加
的站点数量有所增加，达 146 个，最大增幅为 7.13 天，平均为 0.22 天，主
要分布在北部地区以及广西、广东等南部地区。全国霜冻日数呈南北两端增

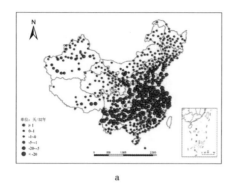
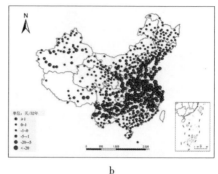

图 14　1961~2012 年（a）和 1981~2010 年（b）各站冬季霜冻日数变化趋势

加、中部减少的分布格局，降低幅度明显大于增加幅度（见图 14b）。

　　夏季霜冻只出现在部分高原和高山站，而且主要发生在牧区或林区，在农区极少发生，对全国粮食生产影响甚微。虽然冬季霜冻日数最多，但北方越冬作物处于休眠期，有很强的抗寒能力；南方大部也以种植耐寒作物为主，霜冻危害也较小。从全国范围看，霜冻危害以春秋两季为主，只有华南地区霜冻害以冬季为主，且由于该地区主要种植热带、亚热带作物，霜冻危害较重。

四　区域性强降水事件

　　1961~2013 年，全国平均年雨日呈显著减少趋势，每 10 年减少 3.9 天（见图 15a）；年累计暴雨站日数呈显著增加趋势（见图 15b），每 10 年增加 3.8%，降水分布的不均匀性反映出旱涝发生的可能性增加。

　　1961~2013 年，全国区域性强降水事件的发生频次呈弱增多趋势（见图 16），其间共发生 390 次区域性强降水事件，其中极端强降水事件 37 次，严重强降水事件 81 次，中度强降水事件 158 次，轻度强降水事件 114 次。20世纪 80 年代后期和 90 年代为区域性强降水事件频发期。2013 年，全国共发生 14 次区域性强降水事件，与 1995 年共同被列为 1961 年以来的最高值，其中 4 次达到严重等级。

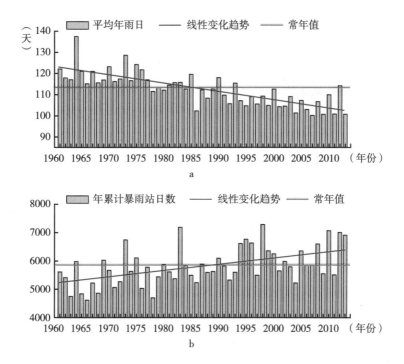

图15　1961~2013年全国平均年雨日（a）和年累计暴雨站日数（b）变化趋势

资料来源：中国气象局气候变化中心《中国气候变化监测公报2013》。

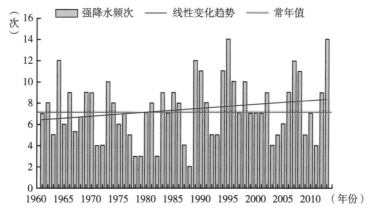

图16　1961~2013年全国区域性强降水事件频次变化趋势

资料来源：中国气象局气候变化中心《中国气候变化监测公报2013》。

B.3
干旱演变趋势

干旱是最常见的气象灾害之一，具有发生频次高、持续时间长、影响范围广的特点，对农业生产具有重大影响。气象干旱是其他各类干旱发生的先兆。受特定自然地理及气候条件影响，中国是全球旱灾发生频次最高且损失最严重的国家之一，干旱面积高达自然灾害受灾总面积的57%，旱灾发生频次约占总灾害频次的1/3（黄荣辉等，2010）。中国各地均可能发生干旱，年均旱灾面积达0.2×10^8公顷，约占耕地总面积的1/6（陈方藻等，2011），其中最严重的2000年受旱面积超过0.4×10^8公顷。弄清干旱演变趋势有助于准确把握干旱的发生发展规律，提高防旱减灾能力。

一　气象干旱

（一）气象干旱时间动态

1. 气象干旱事件变化

1961~2013年，全国共发生164次区域性气象干旱事件，其中极端、严重、中度和轻度气象干旱事件分别达16次、33次、65次和50次。1961年以来，中国区域性气象干旱事件发生频次呈弱上升趋势，且不同时期变化明显：20世纪70年代后期和80年代气象干旱事件偏多，20世纪90年代至21世纪初偏少，2003年以来总体偏多（见图1）。

2. 持续干期年际变化

1961~2012年，年持续干期全国均值呈弱下降趋势，未达到统计显著水平。年持续干期为45.23~58.36天，平均值为51.49天，变化趋势为–0.37天/10a（见图2a）。与1961~2012年相比，1981~2010年年持续干期及其均值变化都不大，分别为43.28~57.78天和51.16天，变化趋势为–0.30天/10a（见图2b）。

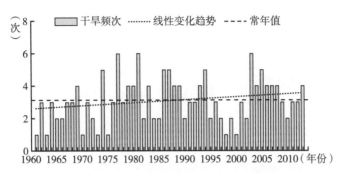

图1　1961~2013年全国区域性气象干旱事件频次变化趋势

资料来源：中国气象局气候变化中心《中国气候变化监测公报2013》。

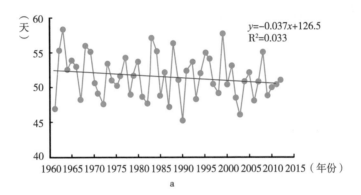

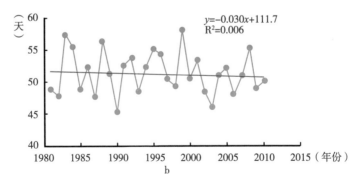

图2　1961~2012年（a）和1981~2010年（b）持续干期变化趋势

3.持续干期季节变化

1961~2012年，除秋季外，全国春季、夏季和冬季的持续干期均呈弱下降趋势，但未达到显著水平（见图3）。与1961~2012年相比，1981~2010

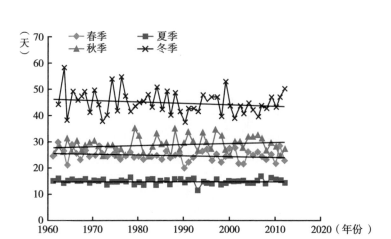

图3 1961~2012年全国各季持续干期变化趋势

年持续干期的春季、夏季变化趋势由弱下降趋势转为弱增加趋势，秋季、冬季变化趋势有所增强，但均未达到显著水平（见表1）。

表1 全国各季节持续干期变化趋势方程

年份 季节	1961~2012	1981~2010
春季	$y = -0.029x + 82.95$ $R^2 = 0.041$	$y = 0.005x + 13.33$ $R^2 = 0.000$
夏季	$y = -0.001x + 16.87$ $R^2 = 0.000$	$y = 0.026x - 38.58$ $R^2 = 0.050$
秋季	$y = 0.039x - 49.57$ $R^2 = 0.042$	$y = 0.061x - 92.85$ $R^2 = 0.034$
冬季	$y = -0.058x + 160.0$ $R^2 = 0.034$	$y = -0.084x + 212.1$ $R^2 = 0.038$

（二）气象干旱空间动态

1. 年持续干期

1961~2012年，全国各站平均年持续干期为15.38~175.79天，平均为51.49天，由东南向西北呈逐渐增加趋势，高值区出现在新疆、西藏、甘肃、青海、内蒙古等西部地区（见图4a）。与1961~2012年相比，1981~2010年无论是年均持续干期还是空间格局均没有明显变化（见图4b）。

1961~2012年，全国各站年持续干期的变化幅度为 –37.63~28.17天，平

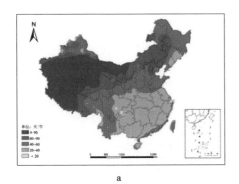 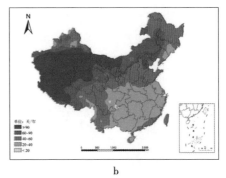

a   b

图4 1961~2012年（a）和1981~2010年（b）年均持续干期空间格局

均为 -1.97 天，有 268 个站呈增长趋势，主要分布在河北、北京、天津、山东、河南、陕西、贵州、云南、福建、广东、广西、江西、湖南等地；283个站呈降低趋势，主要分布在新疆、西藏、青海、甘肃、黑龙江、吉林、浙江、江苏、湖北、四川等地（见图 5a）。1981~2010 年，全国各站年持续干期的变化幅度为 -56.48~48.26 天，平均为 -0.91 天。与 1961~2012 年相比，1981~2010 年年持续干期呈减少趋势的站点数量略有减少，主要分布在甘肃、黑龙江、辽宁、内蒙古、青海、山西、四川、西藏、新疆等地（见图 5b）。

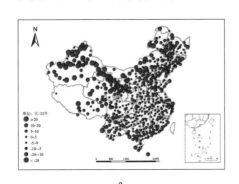 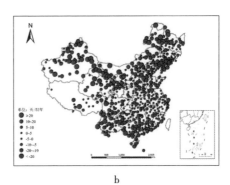

a   b

图5 1961~2012年（a）和1981~2010年（b）各站年持续干期变化趋势

2. 春季持续干期

1961~2012 年，全国各站年均春季持续干期为 7.42~83.23 天，平均为 24.59 天，由东南向西北呈逐渐增加的趋势，高值区出现在新疆、西藏、甘肃、青海、内蒙古等西部地区（见图 6a）。1981~2010 年，年均春季持续干期为 7.50~81.27 天，平均为 24.08 天，与 1961~2012 年相比，空间格局没有明显变化（见图 6b）。

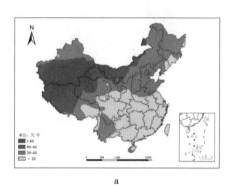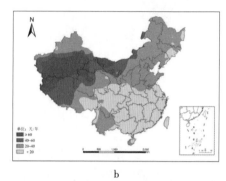

a   b

图 6   1961~2012 年（a）和 1981~2010 年（b）年均春季持续干期空间格局

1961~2012 年，全国各站春季持续干期的变化幅度为 -21.78~21.55 天，平均为 -1.53 天，有 237 个站呈增长趋势，增幅超过 5 天的站主要分布在甘肃、贵州、内蒙古、宁夏、山东、云南等地；有 314 个站呈降低趋势，降幅超过 10 天的站主要分布在甘肃、黑龙江、吉林、内蒙古、青海、西藏、新疆等地（见图 7a）。1981~2010 年，春季持续干期的变化幅度为 -29.91~24.53 天，平均为 0.16 天。与 1961~2012 年相比，1981~2010 年春季持续干期呈降低趋势的站点数量略有减少，主要分布在甘肃、黑龙江、内蒙古、西藏、新疆等地（见图 7b）。

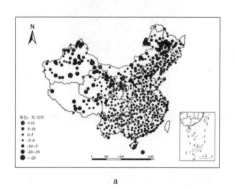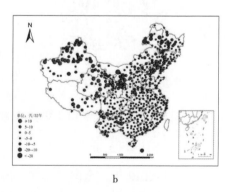

a   b

图 7   1961~2012 年（a）和 1981~2010 年（b）各站春季持续干期变化趋势

3. 夏季持续干期

1961~2012 年，全国各站年均夏季持续干期为 4.48~60.88 天，平均为 14.62 天。全国大部地区的夏季持续干期在 20 天以内，高值区出现在新疆、西藏、甘肃、青海、内蒙古等西部地区（见图 8a）。1981~2010 年，年均夏季持续干期为 4.50~58.37 天，平均为 14.54 天，与 1961~2012 年相比，空间格局没有明显变化（见图 8b）。

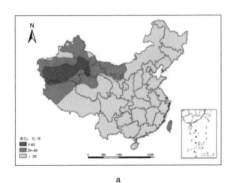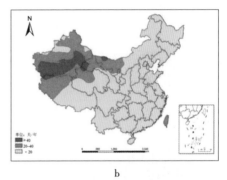

a   b

图 8 1961~2012 年（a）和 1981~2010 年（b）年均夏季持续干期空间格局

1961~2012 年，全国各站夏季持续干期的变化幅度为 –18.69~17.92 天，平均为 –0.06 天，有 312 个站呈增长趋势，增幅超过 5 天的站主要分布在甘肃、吉林、新疆、江苏、辽宁、宁夏、青海、四川等地；239 个站呈降低趋势，降幅超过 10 天的站主要分布在新疆地区（见图 9a）。1981~2010 年，

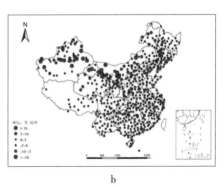

a   b

图 9 1961~2012 年（a）和 1981~2010 年（b）各站夏季持续干期变化趋势

夏季持续干期的变化幅度为 –22.36~26.34 天，平均为 0.79 天。与 1961~2012
年相比，1981~2010 年夏季持续干期呈降低趋势的站点数量略有减少，仍主
要分布在新疆地区（见图 9b）。

4. 秋季持续干期

1961~2012 年，全国各站年均秋季持续干期为 8.17~86.92 天，平均为
28.66 天。全国大部地区的秋季持续干期在 40 天以内，高值区出现在新疆、
西藏、甘肃、青海、内蒙古等西部地区；低值区主要出现在四川、贵州、云
南、重庆、陕西、湖南、湖北的部分地区（见图 10a）。1981~2010 年，年
均秋季持续干期为 8.80~84.13 天，平均为 29.32 天，与 1961~2012 年相比，
空间格局没有发生明显变化（见图 10b）。

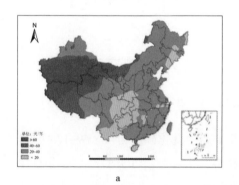
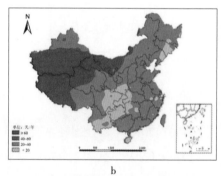

a   b

图 10　1961~2012 年（a）和 1981~2010 年（b）年均秋季持续干期空间格局

1961~2012 年，全国各站年均秋季持续干期的变化幅度为 –21.25~19.29
天，平均为 2.05 天，有 378 个站呈增长趋势，增幅超过 5 天的站有 157 个，
主要分布在新疆、青海、内蒙古、宁夏、甘肃、河北、河南、山东、陕西、
黑龙江、湖南、安徽、江苏、江西、浙江、福建、广东、广西、贵州、海
南、云南等地；239 个站呈降低趋势，降幅超过 10 天的站主要分布在新疆、
青海、内蒙古等地（见图 11a）。1981~2010 年，秋季持续干期的变化幅度
为 –34.57~25.26 天，平均为 1.84 天。与 1961~2012 年相比，1981~2010 年秋
季持续干期呈降低趋势的站点数量略有减少，主要分布在甘肃、内蒙古、青
海、四川、西藏、新疆等地（见图 11b）。

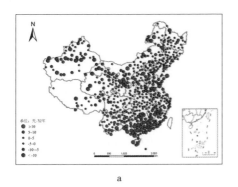
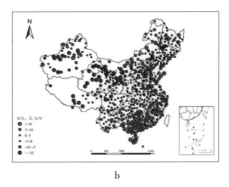

a   b

图 11　1961~2012 年（a）和 1981~2010 年（b）各站秋季持续干期变化趋势

5. 冬季持续干期

1961~2012 年，全国各站年均冬季持续干期为 12.67~87.57 天，平均为 44.83 天。全国一多半地区冬季持续干期超过 40 天，由东南向西北呈逐渐增加趋势，高值区出现在新疆、西藏、甘肃、青海、内蒙古、河北、吉林、辽宁、黑龙江等地；低值区主要在湖南、江西、浙江等地（见图 12a）。1981~2010 年，年均持续干期为 13.43~87.90 天，平均为 43.93 天，与1961~2012 年相比，空间格局没有发生明显变化（见图 12b）。

1961~2012 年，全国各站冬季持续干期的变化幅度为 –30.55~25 天，平均为 –3.01 天，有 214 个站呈增长趋势，增幅超过 10 天的站有 34 个，主要分布在云南、四川、内蒙古、吉林、辽宁、陕西、山东等地；239 个站

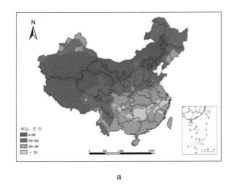
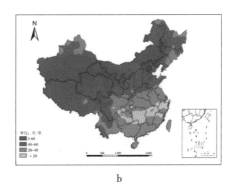

a   b

图 12　1961~2012 年（a）和 1981~2010 年（b）年均冬季持续干期空间格局

呈降低趋势，降幅超过 10 天的站有 109 个，主要分布在甘肃、河北、黑龙江、吉林、内蒙古、宁夏、新疆、青海、四川、西藏等地（见图 13a）。1981~2010 年，冬季持续干期的变化幅度为 –34.81~30.69 天，平均为 –2.53 天。与 1961~2012 年相比，1981~2010 年冬季持续干期呈降低趋势的站点数量明显增加，达 321 个，主要分布在甘肃、福建、广东、河北、黑龙江、吉林、辽宁、内蒙古、青海、山西、陕西、新疆等地（见图 13b）。

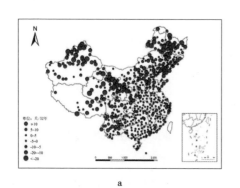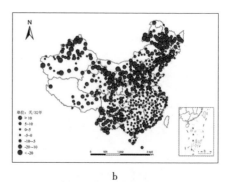

a   b

图 13　1961~2012 年（a）和 1981~2010 年（b）各站冬季持续干期变化趋势

二　农业干旱

（一）农业干旱时间动态

1961~2010 年，全国农业干旱灾害具有面积增大和频率加快的趋势（见图 14），全国干旱年均受灾面积约 2323.0 万公顷，约占农作物播种总面积的 15.6%，其中成灾面积约 1095.3 万公顷，约占播种总面积的 7.3%。自 20 世纪 70 年代至今，全国干旱受灾面积居高不下，各年份平均受旱面积均在 2400 万公顷以上，而成灾面积在 2000~2009 年达到最高。1961~2010 年各年份旱灾成灾率（旱灾面积与农业受旱面积之比）则呈上升趋势（见图 15）。特别是 21 世纪以后，干旱成灾率平均达 56%，反映出全国农业干旱化趋势严重。

1950~2008 年，全国多年平均受灾面积约为 2117 万公顷，占全国播种

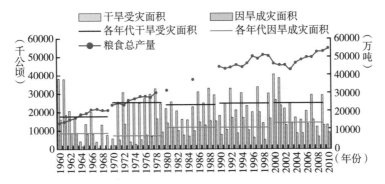

**图 14　1960~2010 年全国农业干旱发生面积（受灾面积、成灾面积）和
粮食总产量动态**

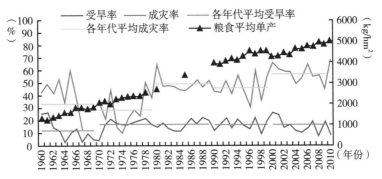

图 15　1960~2010 年全国农业干旱受灾率、成灾率和粮食平均单产动态

总面积的 15.1%，其中成灾面积约为 917.9 万公顷，约占全国播种总面积
的 7.1%。全国农业整体受旱情况随时间呈加重趋势。1950~2000 年全国受
灾面积与成灾面积均呈上升趋势，特别是 1970~2000 年受灾情况较为严重，
2000~2008 年受灾成灾面积有所下降，但总体仍呈现上升趋势（见图 16）；
同时，全国旱灾成灾比例总体也呈上升趋势（见图 17），反映出旱灾对全国
农业生产的危害变得越来越严重（陈方藻等，2011）。

　　基于不同程度农业旱灾面积权重组合的农业旱灾综合灾损率表明（见图
18），1961~2010 年全国农业旱灾综合损失率平均约 5.4%，以秦岭 - 淮河线
为界的南方和北方分别为 3.5% 和 7.4%，北方较南方高一倍多。1961~2010 年，

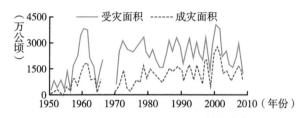

图16 1950~2008 年全国干旱灾害变化趋势

资料来源：陈方藻、刘江、李茂松：《60 年来中国农业干旱时空演变规律研究》，《西南师范大学学报（自然科学版）》2011 年第 4 期。

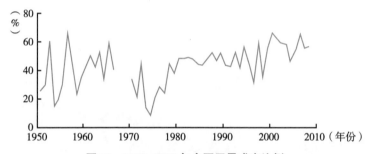

图17 1950~2008 年全国干旱成灾比例

资料来源：陈方藻、刘江、李茂松：《60 年来中国农业干旱时空演变规律研究》，《西南师范大学学报（自然科学版）》2011 年第 4 期。

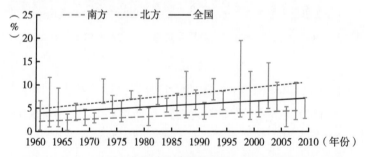

图18 1960~2010 年南北方和全国农业旱灾综合损失率变化趋势

资料来源：张强、韩兰英、郝小翠等《气候变化对中国农业旱灾损失率的影响及其南北区域差异性》，《气象学报》2015 年第 6 期。

全国农业干旱综合损失率约增加 2.6%，平均每 10 年增加约 0.5%，反映出旱灾影响呈显著增加趋势。同时，农业旱灾综合损失率变化趋势的南北差异也比较明显，1961~2010 年南方农业旱灾综合损失率增加幅度不到 1.7%，平均每 10 年仅增加约 0.3%；而北方农业旱灾综合损失率增加幅度高达 3.1%，平均每 10 年增加约 0.6%，比南方高一倍左右，反映出北方旱灾影响明显高于南方，增速也较南方快（张强等，2015）。

（二）农业干旱空间格局

全国耕作区通常分为西南、华南、西北、黄淮海、长江中下游与东北六大耕作区。1978~2008 年，黄淮海地区的旱灾平均受灾面积占全国受灾面积的比例最高，约 28%；长江中下游地区约占 20%，位居第二；东北地区约占 19%，位居第三（见图 19）。这三大耕作区的总平均受灾面积约占全国受灾面积的 67%，为旱灾频发区。黄淮海地区平均成灾面积占全国成灾面积、平均绝收面积占全国绝收面积的比例均在 23% 以上，处于六大耕作区前列。东北地区的干旱受灾和成灾面积分别占全国的 19% 和 22%，但绝收面积达 25%，表明东北地区对干旱的承受能力较弱。华南耕作区的干旱受灾、成灾、绝收面积不仅所占比例较小，而且受灾、成灾和绝收面积所占比例呈逐渐下降趋势，表明该耕作区的抗旱能力好于其他耕作区。西南地区受灾、成灾、绝收面积所占比例虽然不大，但绝收面积所占比例显著大于受灾、成灾面积所占比例，表明西南地区抗旱能力较差，受旱造成的农业损失较严重。西北地区的干旱受灾面积、成灾面积和绝收面积分别占全国的 16%、17% 和 18%，受干旱的影响较大。全国旱灾从南向北基本呈增加趋势。

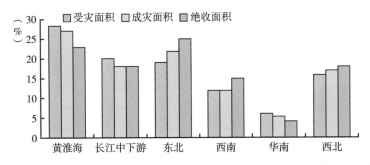

图 19　1978~2008 年各耕作区旱灾平均受灾面积、成灾面积及绝收面积比较

资料来源：陈方藻、刘江、李茂松：《60 年来中国农业干旱时空演变规律研究》，《西南师范大学学报（自然科学版）》2011 年第 4 期。

全国各省份在不同阶段的旱灾成灾面积变化较大（见图20、图21）。北京、天津、河北、山西、辽宁、江苏、浙江、江西、山东、河南、湖南、广东、广西、四川、贵州、陕西、甘肃等省份在1981~2000年的受旱面积处于1950~1980年、1981~2000年、2001~2008年三个阶段的较高水平。2001~2008年的受灾面积有所下降，主要受益于这些地区农田水利建设和农业环境的改善。同时，内蒙古、吉林、黑龙江、海南、重庆、云南、青海、宁夏、新疆9个省份在1950~1980年、1981~2000年、2001~2008年三个阶段

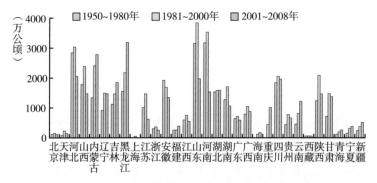

图20　全国各省份不同阶段平均旱灾受灾面积的变化

资料来源：陈方藻、刘江、李茂松：《60年来中国农业干旱时空演变规律研究》，《西南师范大学学报（自然科学版）》2011年第4期。

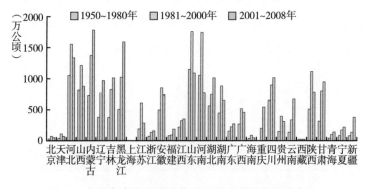

图21　全国各省份不同阶段平均旱灾成灾面积的变化

资料来源：陈方藻、刘江、李茂松：《60年来中国农业干旱时空演变规律研究》，《西南师范大学学报（自然科学版）》2011年第4期。

的受灾面积呈上升趋势（陈方藻等，2011）。

应该指出，农业干旱与气象干旱的发生不一定同步。发生较重气象干旱时，如果当地灌溉水源丰富或深层土壤水分充足，且作物根系发育良好，就不会发生农业干旱。反之，即使只发生轻度气象干旱，在作物根系发育不良、深层土壤水分不足的情况下，也可能出现较重农业干旱。但在发生长时间严重气象干旱时，就整个受旱区域而言，在无灌溉条件下，农业干旱与气象干旱的严重程度是基本一致的。

在全国气象干旱事件呈弱上升态势、持续干期呈弱下降态势的背景下，农业干旱的加重趋势明显，成灾率上升。究其原因，一是随着经济、社会发展，城市、工业与生活耗水量迅速增加，日益挤占农业用水，北方许多地区超量采集地下水更加剧了农用水资源的紧缺；二是随着作物单产的不断提高，农业需水量不断增加，导致水分收支更加不平衡；三是气候变化具有明显的区域特点，粮食主产区降水量明显减少，降水量增加的地区耕地面积较少；四是降水的有效性降低，由于强降水事件增多，大部分降水以径流形式流失。

B.4

BLUE BOOK

小麦涝渍演变趋势

由于全国大部降水集中在夏季，且年际变化显著，因此洪涝灾害发生较为频繁。洪涝灾害的形成需要具备两个条件：一是有达到一定强度标准的洪水，二是洪水发生在有人类活动的地方。因此，受洪水威胁最大的地区往往是江河中下游地区。因长江中下游地区水源丰富、土地平坦，生长于该地区的冬小麦在苗期、拔节抽穗期和结实灌浆期极易遭受涝渍灾害。在此重点分析长江中下游地区的冬小麦涝渍灾害（广义上包括淮河流域的苏北和淮北），其中淮北麦区、江苏丘陵麦区和湖北麦区冬小麦涝渍较常见。

一　苗期涝渍

1961~2012年，长江中下游地区冬小麦苗期主要发生轻度涝渍，没有中度与重度涝渍发生。冬小麦苗期涝渍以1961~1970年最多，1981~1990年最少。1981~2010年，冬小麦苗期涝渍发生267站次，约为1961~2012年的一半，冬小麦苗期轻度涝渍的发生有增加趋势（见表1）。

表1　长江中下游地区冬小麦苗期涝渍发生频次

单位：站次

灾害等级	1961~1970年	1971~1980年	1981~1990年	1991~2000年	2001~2010年	1981~2010年	1961~2012年
轻度	135	69	51	107	109	267	490
中度	—	—	—	—	—	—	—
重度							
总和	135	69	51	107	109	267	490

1961~2012年冬小麦苗期轻度涝渍呈南部多、北部少的分布格局（见图1）。涝渍多发于湖北西南部和东南部、湖南西北部、浙江西北局部，涝渍

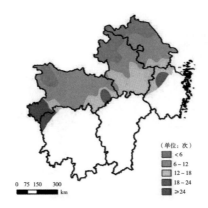

（单位：次）
■ <6
■ 6~12
■ 12~18
■ 18~24
■ ≥24

0 75 150   300
　　　　　　　km

图 1　1961~2012 年长江中下游地区冬小麦苗期涝渍发生频次

发生频次为 18~33 次，平均每 10a 发生 3~6 次；浙江西北部、江苏南部、安徽南部、湖北东南部和西南局部涝渍发生频次为 12~18 次，平均每 10a 发生 2~4 次；江苏中部、安徽中部、湖北大部涝渍发生频次为 6~12 次，平均每 10a 发生 1~2 次；江苏北部、安徽北部、湖北西北局部涝渍发生频次为 2~6 次，平均每 10a 发生不到 1 次。

1961~2010 年各时段长江中下游地区冬小麦苗期涝渍发生频次如图 2 所示。各时段冬小麦苗期涝渍总体呈南部多、北部少的分布格局，其中湖北西南部和湖南西北部交界为多发区。1961~1970 年，湖北西南部和湖南西北部交界冬小麦苗期涝渍发生频次为 8~10 次，湖北西南局部、湖南西北局部为 6~8 次，湖北西南局部和东南部、安徽西部和东南部、浙江西北部为 4~6 次，其他地区不到 4 次（见图 2a）。1971~1980 年，湖北西南部和湖南西北部交界冬小麦苗期涝渍发生频次为 8~10 次，湖北西南局部、湖南西北局部为 4~8 次，浙江西北部、安徽东南部、湖北东南部和西南部、湖南北部局部为 2~4 次，其他地区不到 2 次（见图 2b）。1981~1990 年，湖北西南局部和湖南西北局部交界冬小麦苗期涝渍发生频次为 4~5 次，湖北西南局部和东南部为 2~4 次，其他地区不到 2 次（见图 2c）。1991~2000 年，湖北西南部冬小麦苗期涝渍发生频次为 6~8 次，湖北西南局部和湖南西北部交界为 4~6 次，浙江西北部、江苏南部和北部、安徽中南部、湖北东南部和中部为 2~4 次，

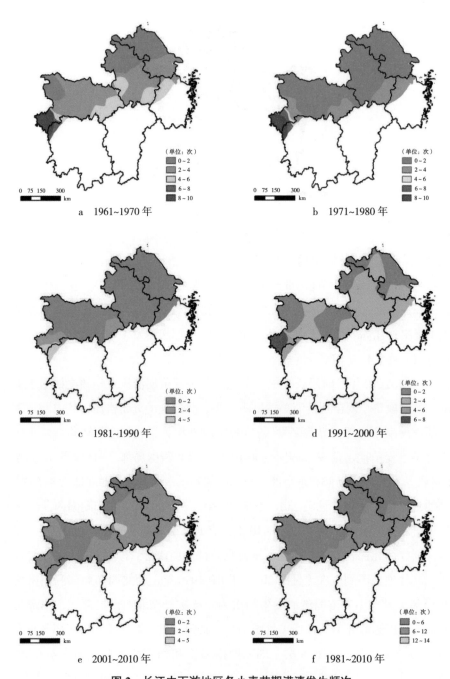

图2 长江中下游地区冬小麦苗期涝渍发生频次

其他地区不到 2 次（见图 2d）。2001~2010 年，安徽西部局部冬小麦苗期涝渍发生频次为 4~5 次，浙江西北部、江苏中南部、安徽东部和南部、湖南西北部以及湖北东部、西北部和西南部为 2~4 次，其他地区不到 2 次（见图 2e）。1981~2010 年，湖北西南部和湖南东北部交界地区冬小麦苗期涝渍发生频次为 12~14 次，浙江西北部、江苏南部、安徽南部、湖北东南部和西南局部为 6~12 次，其他地区不到 6 次（见图 2f）。

1961~2012 年长江中下游地区冬小麦苗期涝渍变化趋势如表 2 所示。1961~2012 年轻度涝渍呈减少趋势，而 1961~1970 年、1981~2010 年和 1991~2000 年轻度涝渍呈增多趋势，1991~2000 年增幅更大。1971~1980 年、1981~1990 年及 2001~2010 年轻度渍涝呈减少趋势，其中 2001~2010 年减幅最大。

表 2 长江中下游地区冬小麦苗期涝渍变化趋势

单位：站次 /10a

年 份 灾害等级	1961~1970	1971~1980	1981~1990	1991~2000	2001~2010	1981~2010	1961~2012
轻度	0.55	−4.67	−16.79	6.48	−25.03	1.28	−0.39
中度	—	—	—	—	—	—	—
重度	—	—	—	—	—	—	—
总和	0.55	−4.67	−16.79	6.48	−25.03	1.28	−0.39

1961~2012 年，长江中下游地区冬小麦苗期轻度涝渍变化趋势的空间分布见图 3 所示。江苏大部、安徽大部、湖北西北部、浙江北部的轻度涝渍

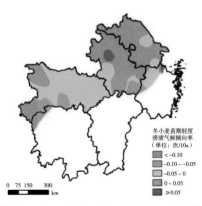

冬小麦苗期轻度
涝渍气候倾向率
（单位：次/10a）
< −0.10
−0.10 ~ −0.05
−0.05 ~ 0
0 ~ 0.05
≥0.05

0 75 150 300
km

图 3 1961~2012 年长江中下游地区冬小麦苗期轻度涝渍变化趋势空间格局

呈增多趋势，其中安徽中部局部、浙江东北部局部增幅为 0.05~0.06 次 /10a；
江苏东部和南部局部、安徽南部和西部、湖北大部、湖南西北部、浙江西北
部的轻度涝渍呈减少趋势，其中安徽南部、湖北西南部、湖南西北部、浙江
西部减幅为 0.05~0.12 次 /10a。

二　拔节期涝渍

1961~2012 年，长江中下游地区冬小麦拔节期主要发生轻度和中度涝
渍，没有重度涝渍发生，且轻度涝渍多于中度涝渍。冬小麦拔节期涝渍总过
程以 1971~1980 年最多，1961~1970 年最少。轻度涝渍以 1971~1980 年最多，
1961~1970 年最少；中度涝渍以 1991~2000 年最多，1961~1970 年和 2001~2010
年最少。1981~2010 年冬小麦拔节期涝渍发生频次约占 1961~2012 年的 59%（见
表 3）。

表 3　长江中下游地区冬小麦拔节期涝渍发生频次

单位：站次

灾害等级＼年份	1961~1970	1971~1980	1981~1990	1991~2000	2001~2010	1981~2010	1961~2012
轻度	28	68	62	35	29	126	228
中度	4	34	10	64	4	78	118
重度	—	—	—	—	—	—	—
总和	32	102	72	99	33	204	346

1961~2012 年长江中下游地区冬小麦拔节期涝渍发生频次如图 4a 所示，
总体呈南部多、北部少的分布格局。涝渍多发于浙江西北局部、安徽东南
部，发生频次为 16~22 次，平均每 10a 发生 3~4 次；江苏中北部、安徽中
北部、湖北中北部涝渍发生频次较少，其中江苏东北部、安徽北部、湖北北
部局部发生频次为 1~4 次，平均每 10a 发生不到 1 次。拔节期轻度涝渍多发
于浙江西北局部和安徽东南部交界，发生频次为 12~15 次，平均每 10a 发生
2~3 次（见图 4b）。江苏、安徽中北大部、湖北大部轻度涝渍发生频次较少，

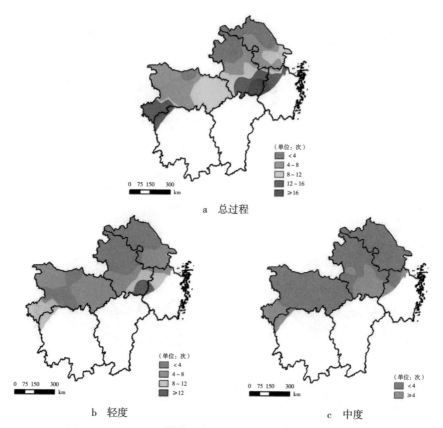

a 总过程

b 轻度

c 中度

图 4 1961~2012 年长江中下游地区冬小麦拔节期涝渍发生频次

其中江苏北部、安徽北部、湖北中部和北部局部发生频次为 1~4 次，平均每 10a 发生不到 1 次。拔节期中度涝渍较轻度涝渍明显减少（见图 4c），主要发生在浙江西部和东北局部、安徽中南部、湖北西南部、湖南西北局部，中度涝渍发生频次为 4~7 次，平均每 10a 发生 1 次；浙江北部、江苏大部、安徽北部、湖北大部中度涝渍发生频次较少，不到 4 次，平均每 20a 发生 1 次。

　　1961~2010 年长江中下游地区冬小麦拔节期涝渍发生频次如图 5 所示。各时段冬小麦拔节期涝渍总体呈南部多、北部少的分布格局。1961~1970 年，湖北西北部、湖南西北局部冬小麦拔节期涝渍发生频次为 3~4 次，浙江西部局部、安徽南部、湖北西南局部为 2~3 次，浙江西部局部、安徽南部局部、湖北中东部和西部为 1~2 次，其他地区不到 1 次（见图 5a）。1971~1980 年，浙

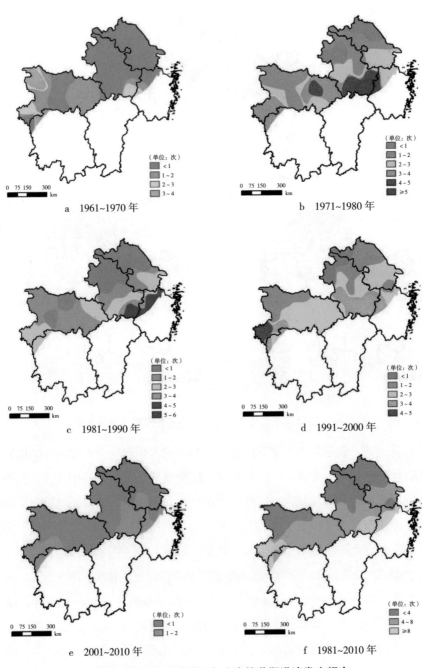

a　1961~1970 年

b　1971~1980 年

c　1981~1990 年

d　1991~2000 年

e　2001~2010 年

f　1981~2010 年

图 5　长江中下游地区冬小麦拔节期涝渍发生频次

江西部局部、安徽南部交界地区冬小麦拔节期涝渍发生频次为5~7次，浙江西北局部、安徽南部、湖北中东局部为4~5次，湖北东部和西南部、湖南西北部、安徽西南局部为3~4次，其他地区不到3次（见图5b）。1981~1990年，浙江西北部、安徽东南部交界冬小麦拔节期涝渍发生频次为3~6次，其他地区不到3次（见图5c）。1991~2000年，湖北西南局部冬小麦拔节期涝渍发生频次为4~5次，浙江西部、安徽南部大部、湖北西南局部、湖南西北局部为3~4次，浙江北部、江苏中南部、安徽中部和西南局部、湖北中东大部为2~3次，其他地区不到2次（见图5d）。2001~2010年，浙江西北部、江苏西南部、安徽东南部、湖北西南部、湖南西北部冬小麦拔节期涝渍发生频次为1~2次，其他地区不到1次（见图5e）。1981~2010年，浙江西北部、安徽东南部、湖北西南局部、湖南西北局部冬小麦拔节期涝渍发生频次为8~11次，江苏中南部、安徽中部、湖北东南大部、湖南西北局部为4~8次，其他地区不到4次（见图5f）。

1961~2012年与1981~2010年长江中下游地区冬小麦拔节期涝渍总过程均呈减少趋势，其中1981~2010年减幅更大（见表4）。1961~2012年轻度涝渍呈减少趋势，中度涝渍呈增多趋势。1981~2010年轻度和中度涝渍均呈减少趋势，其中轻度涝渍减幅更大。冬小麦拔节期涝渍总过程和轻度涝渍在1961~1970年和1981~1990年均呈增多趋势，其中1981~1990年增幅更大；中度涝渍在1961~1970年、1971~1980年和1981~1990年均呈增多趋势，其中1971~1980年增幅最大。

表4 长江中下游地区冬小麦拔节期涝渍变化趋势

单位：站次/10a

灾害等级	1961~1970年	1971~1980年	1981~1990年	1991~2000年	2001~2010年	1981~2010年	1961~2012年
轻度	2.06	−1.82	3.88	−2.73	−12.42	−1.88	−0.40
中度	0.36	1.58	0.36	−17.21	−0.85	−0.92	0.09
重度	—	—	—	—	—	—	—
总和	2.42	−0.24	4.24	−19.94	−13.27	−2.80	−0.32

1961~2012 年长江中下游地区冬小麦拔节期涝渍变化趋势如图 6a 所示，浙江西北部、江苏大部、安徽大部、湖南西北局部以及湖北的中部、东南局部和西南局部呈增多趋势，其中安徽中部局部增幅为 0.05~0.06 次 /10a；其他地区呈减少趋势，其中湖北西北部和东部、湖南西北局部减幅为 0.05~0.08 次 /10a。冬小麦拔节期轻度涝渍变化趋势如图 6b 所示，江苏东部和西南部、安徽中东部、湖北南部和北部局部、湖南西北部呈增多趋势，增幅低于 0.04 次 /10a；其他地区呈减少趋势，其中安徽南部、湖北西北部和东部、湖南西北局部、浙江西北局部减幅为 0.05~0.08 次 /10a。冬小麦拔节期中度涝渍变化趋势如图 6c 所示，浙江西北部、江苏东部、安徽南部大部以及湖北东部、中部和西北部呈增多趋势，但增幅低于 0.03 次 /10a；其他地区呈减少趋势，减幅低于 0.04 次 /10a。

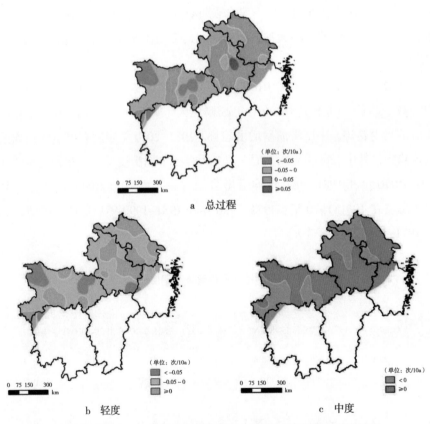

图 6　1961~2012 年长江中下游地区冬小麦拔节期涝渍变化趋势

三 孕穗期涝渍

1961~2012 年，长江中下游地区冬小麦孕穗期涝渍发生频次如表 5 所示。该区冬小麦孕穗期中度涝渍最多，轻度涝渍其次，重度涝渍最少。冬小麦孕穗期涝渍发生总频次以 1961~1970 年最多，1991~2000 年最少。冬小麦孕穗期轻度涝渍发生频次以 1971~1980 年和 2001~2010 年最多，中度涝渍以 2001~2010 年最多，重度涝渍以 1961~1970 年最多。1981~2000 年，冬小麦孕穗期涝渍发生频次不到 1961~2012 年的 50%。

表 5　长江中下游地区冬小麦孕穗期涝渍发生频次

单位：站次

灾害等级	1961~1970 年	1971~1980 年	1981~1990 年	1991~2000 年	2001~2010 年	1981~2010 年	1961~2012 年
轻度	11	12	5	3	12	20	43
中度	15	14	6	11	16	33	63
重度	21	7	5	1	1	7	35
总和	47	33	16	15	29	60	141

与苗期和拔节期相比，1961~2012 年长江中下游地区冬小麦孕穗期涝渍发生频次相对较少，且呈南部多、北部少的分布格局（见图 7a）。涝渍多发于湖北西南部和湖南西北部局部，发生频次为 12~14 次，平均每 10a 约 2~3 次；湖北东南部和西南局部、湖南西北局部为 9~12 次，平均每 10a 约 2 次；浙江西部局部、安徽南部局部、湖北西南局部和东南局部为 6~9 次，平均每 10a 约 1 次；其他地区则更少。冬小麦孕穗期轻度涝渍分布如图 7b 所示，多发于江苏南部局部、湖北东南部，发生频次为 3~5 次，平均每 10a 约 1 次；其他地区不到 3 次，平均每 20a 约 1 次。冬小麦孕穗期中度涝渍分布如图 7c 所示，多发于湖北东南部和西南局部、湖南西北部，发生频次为 6~8 次，平均每 10a 为 1~2 次；浙江西北部、安徽东南部、湖北东南部和西南部为 3~6 次，平均每 10a 约 1 次；其他地区不到 3 次，平均每 20a 约 1 次。冬小麦孕穗期

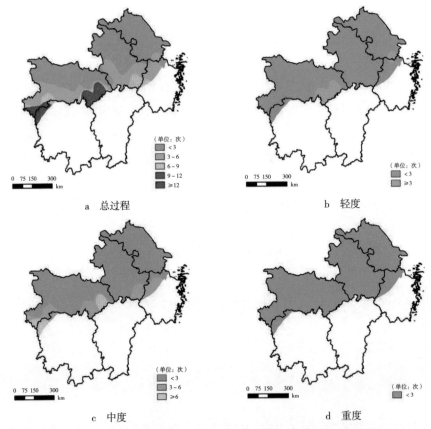

a 总过程

b 轻度

c 中度

d 重度

图7 1961~2012年长江中下游地区冬小麦孕穗期涝渍发生频次

重度涝渍较少,整个长江中下游地区不到3次(见图7d)。

1961~2010年各时段长江中下游地区冬小麦孕穗期涝渍发生频次如图8所示。各时段冬小麦孕穗期涝渍总体呈南部多、北部少的分布格局。1961~1970年,湖北西南局部、湖南西北部冬小麦孕穗期涝渍发生频次为3~4次,湖北南部和西南局部、湖南北部局部为2~3次,湖北西南部和东南部、安徽西部和东南部、江苏西部和东北部、浙江西北部为1~2次,其他地区不到1次(见图8a)。1971~1980年,湖北东南部冬小麦孕穗期涝渍发生频次为3~5次,湖北西南和东南局部、湖南西北局部为2~3次,浙江西北部、安徽东南部、湖北东部和南部局部地区为1~2次,其他地区不到1次(见图8b)。1981~1990年,湖

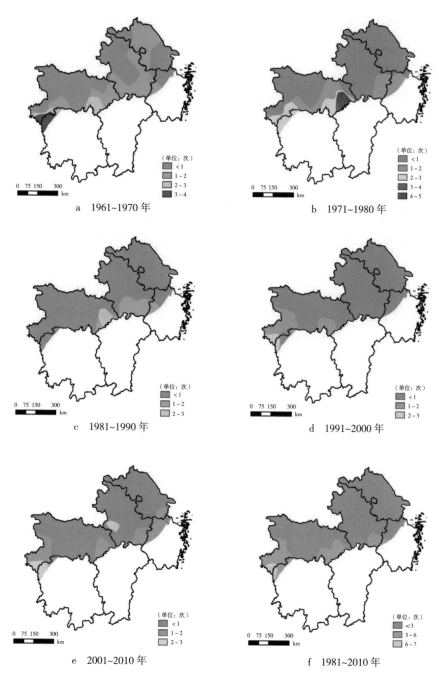

图8　长江中下游地区冬小麦孕穗期涝渍发生频次

北东南局部冬小麦孕穗期涝渍发生频次为 2~3 次，安徽南部、浙江西北局部为 1~2 次，其他地区不到 1 次（见图 8c）。1991~2000 年，湖北西南部和湖南西北部交界局部地区冬小麦孕穗期涝渍发生频次为 2~3 次，湖北西南部和东南局部为 1~2 次，其他地区不到 1 次（见图 8d）。2001~2010 年，安徽西部局部、湖北西南局部、湖南西北局部冬小麦孕穗期涝渍发生频次为 2~3 次，浙江西北部、江苏南部、安徽东南部、湖北东南部和西南部、湖南西北局部为 1~2 次，其他地区不到 1 次（见图 8e）。1981~2010 年，湖北西南部、湖南西北部局部冬小麦孕穗期涝渍发生频次为 6~7 次，浙江西北局部、安徽东南部、湖北东南部和西南部、湖南西北局部为 3~6 次，其他地区不到 3 次（见图 8f）。

1961~2012 年长江中下游地区冬小麦孕穗期涝渍变化趋势如表 6 所示。1961~2012 年冬小麦孕穗期涝渍发生总频次呈减少趋势，1981~2010 年呈增多趋势。1961~2012 年轻度、中度、重度涝渍发生频次均呈减少趋势，其中重度涝渍减幅最大。1981~2010 年轻度、中度涝渍发生频次呈增多趋势且中度涝渍增幅更大，重度涝渍呈减少趋势。冬小麦孕穗期涝渍发生总频次在 1971~1980 年、1981~1990 年均呈增多趋势且 1981~1990 年增幅更大。轻度涝渍在 1961~1970 年呈增多趋势；中度涝渍在 1971~1980 年、1981~1990 年、1991~2000 年均呈增多趋势，其中 1971~1980 年和 1981~1990 年增幅更大。重度涝渍在 1971~1980 年、1981~1990 年均呈增多趋势，其中 1981~1990 年增幅更大。

表6 长江中下游地区冬小麦孕穗期涝渍变化趋势

单位：站次 /10a

灾害等级	1961~1970 年	1971~1980 年	1981~1990 年	1991~2000 年	2001~2010 年	1981~2010 年	1961~2012 年
轻度	1.15	−0.97	−0.18	−0.91	−1.82	0.20	−0.12
中度	−2.61	1.09	1.09	0.18	−1.45	0.44	−0.05
重度	−5.39	0.91	1.15	−0.30	−0.55	−0.17	−0.45
总和	−6.85	1.03	2.06	−1.03	−3.82	0.48	−0.62

1961~2012 年长江中下游地区冬小麦孕穗期涝渍变化趋势如图 9a 所示，江苏东南部、安徽西部、湖北中部和西南部冬小麦孕穗期涝渍发生频次呈

增多趋势，增幅小于 0.04 次 /10a，其他地区呈减少趋势，减幅小于 0.05 次 /10a。冬小麦孕穗期轻度涝渍变化趋势如图 9b 所示，浙江北部、江苏西北部和东南部、安徽西北部、湖北中部和西部局部呈增多趋势，但增幅小于 0.02 次 /10a，其他地区呈减少趋势，减幅小于 0.03 次 /10a。冬小麦孕穗期中度涝渍变化趋势如图 9c 所示，浙江西北部、江苏东南部和西部、安徽中南大部、湖北西部和中部局部呈增多趋势，增幅小于 0.02 次 /10a，其他地区呈减少趋势，减幅小于 0.03 次 /10a。冬小麦孕穗期重度涝渍变化趋势如图 9d 所示，安徽南部、湖北南部和西部呈增多趋势，但增幅小于 0.01 次 /10a，其他地区呈减少趋势，减幅小于 0.03 次 /10a。

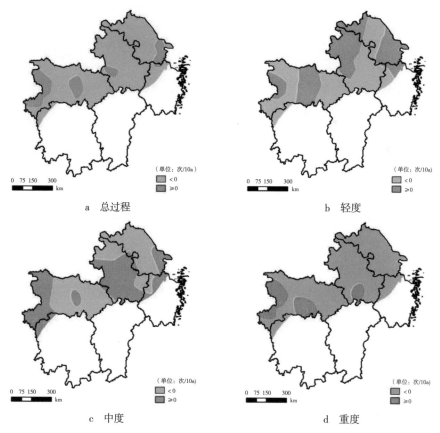

图 9　1961~2012 年长江中下游地区冬小麦孕穗期涝渍变化趋势

四 抽穗灌浆期涝渍

1961~2012 年长江中下游地区冬小麦抽穗灌浆期涝渍发生频次如表 7 所示。冬小麦抽穗灌浆期的涝渍以轻度居多，1961~2012 年重度涝渍多于中度，而 1981~2010 年中度涝渍多于重度。抽穗灌浆期涝渍发生总频次以 1971~1980 年最多，1991~2000 年最少。轻度涝渍以 1961~1970 年最多，中度和重度涝渍均以 1971~1980 年最多。

表 7 长江中下游地区冬小麦抽穗灌浆期涝渍发生频次

单位：站次

灾害等级	1961~1970 年	1971~1980 年	1981~1990 年	1991~2000 年	2001~2010 年	1981~2010 年	1961~2012 年
轻度	40	33	27	17	32	76	156
中度	14	19	15	9	17	41	75
重度	18	36	2	5	21	28	82
总和	72	88	44	31	70	145	313

1961~2012 年长江中下游地区冬小麦抽穗灌浆期涝渍发生频次呈南部多、北部少的分布格局（见图 10a）。涝渍多发于湖北西南部和湖南西北部交界、浙江和安徽交界局部，发生频次为 16~23 次，平均每 10a 发生 3~5 次；湖北西南局部、湖南西北局部、浙江西北部、安徽东南部为 12~16 次，平均每 10a 发生 2~3 次；浙江北部、安徽南部、湖北东南部和西部为 8~12 次，平均每 10a 发生 2 次；其他地区不到 8 次。冬小麦抽穗灌浆期轻度涝渍发生频次分布如图 10b 所示，多发于浙江西部和安徽东南局部，发生频次为 8~10 次，平均每 10a 发生 1~2 次；浙江北部、江苏西南局部、安徽南部、湖北东南大部和西部、湖南西北部为 4~8 次；其他地区不到 4 次。冬小麦抽穗灌浆期中度涝渍发生频次分布如图 10c 所示，多发于湖北西南部和湖南西北部交界，发生频次为 4~9 次，平均每 10a 发生 1~2 次，其他地区不到 4 次。冬小麦抽穗灌浆期重度涝渍发生频次分布如图 10d 所示，多发于湖北西南部和湖南西北部交界、浙江

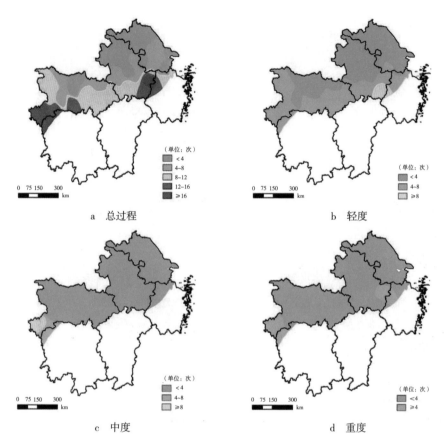

图 10　1961~2012 年长江中下游地区冬小麦抽穗灌浆期涝渍发生频次

西北部和安徽东南部交界，发生频次为 4~8 次，其他地区不到 4 次。

　　1961~2010 年各时段长江中下游地区冬小麦抽穗灌浆期涝渍发生频次如图 11 所示，各时段总体呈南部多、北部少的分布格局。1961~1970 年，湖北西南部和湖南西北部交界、浙江西部和安徽东南部交界冬小麦抽穗灌浆期涝渍发生频次为 4~6 次，湖北西南部和东南部、浙江北部、江苏西南局部、安徽东南局部为 2~4 次，其他地区不到 2 次（见图 11a）。1971~1980 年，湖北西南部冬小麦抽穗灌浆期涝渍发生频次为 6~8 次，湖北西南部为 4~6 次，浙江西北部、安徽东南部、湖北东部和西北部、湖南西北部为 2~4 次，其他地区不到 2 次（见图 11b）。1981~1990 年，湖北西南部和湖南西北部交界、湖

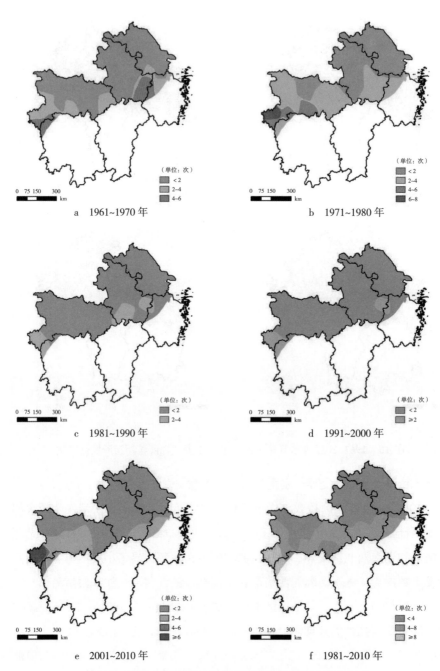

图 11　长江中下游地区冬小麦抽穗灌浆期涝渍发生频次

北东部和安徽西南部交界、安徽东南部和浙江西北部交界冬小麦抽穗灌浆期涝渍发生频次为2~4次，其他地区不到2次（见图11c）。1991~2000年，湖北西南部和湖南西北部交界、浙江西北部和安徽东南部交界冬小麦抽穗灌浆期涝渍发生频次为2~3次，其他地区不到2次（见图11d）。2001~2010年，湖北西南部和湖南西北部交界冬小麦抽穗灌浆期涝渍发生频次为4~7次，浙江西北部、安徽东南部、湖北中南大部为2~4次，其他地区不到2次（见图11e）。1981~2010年，湖北西南部和湖南西北部交界冬小麦抽穗灌浆期涝渍发生频次为8~12次，浙江西北部、安徽南部以及湖北东部、南部和西部为4~8次，其他地区不到4次（见图11f）。

1961~2012年长江中下游地区冬小麦抽穗灌浆期涝渍变化趋势如表8所示。1961~2012年涝渍发生总频次呈减少趋势，而1981~2010年呈增多趋势。1961~2012年轻度、中度、重度涝渍均呈减少趋势；1981~2010年轻度、中度涝渍呈减少趋势且中度涝渍减幅更大，而重度涝渍呈增多趋势。轻度和重度涝渍在1981~1990年均呈增多趋势，其中轻度涝渍增幅更大，其他时段轻度、中度、重度涝渍均呈减少趋势。

表8　长江中下游地区冬小麦抽穗灌浆期涝渍变化趋势

单位：站次/10a

灾害等级	1961~1970年	1971~1980年	1981~1990年	1991~2000年	2001~2010年	1981~2010年	1961~2012年
轻度	−3.15	−2.73	2	−0.42	−10.67	−0.11	−0.36
中度	−2.55	−1.52	−1.15	−1.76	−6.61	−0.26	−0.17
重度	−4.97	−1.82	0.12	−1.76	−9.40	0.44	−0.41
总和	−10.67	−6.06	0.97	−3.94	−26.67	0.07	−0.94

1961~2012年长江中下游地区冬小麦抽穗灌浆期涝渍变化趋势如图12a所示，江苏西南部、安徽西北部和中部、湖北中北部和西南部、浙江北部局部呈增多趋势，增幅小于0.05次/10a；其他地区呈减少趋势，其中安徽东南部、湖北南部局部、湖南西北局部和浙江西北部减幅为0.05~0.09次/10a。冬小麦抽穗灌浆期轻度涝渍变化趋势如图12b所示，江苏中南大部、安徽西

北部和南部、湖北中北部和西南局部、湖南西北局部呈增多趋势，增幅小于 0.04 次 /10a；其他地区呈减少趋势，其中安徽东南部、浙江西部减幅为 0.05~0.06 次 /10a。冬小麦抽穗灌浆期中度涝渍变化趋势如图 12c 所示，浙江西北部、江苏南部、安徽东南部和西部、湖北中东部和西南部呈增多趋势，增幅小于 0.04 次 /10a，其他地区呈减少趋势，减幅小于 0.05 次 /10a。冬小麦抽穗灌浆期重度涝渍变化趋势如图 12d 所示，江苏东部、湖北西北大部重度涝渍呈增多趋势，但增幅小于 0.01 次 /10a；其他地区呈减少趋势，其中安徽东南部和浙江西北局部减幅为 0.05~0.06 次 /10a。

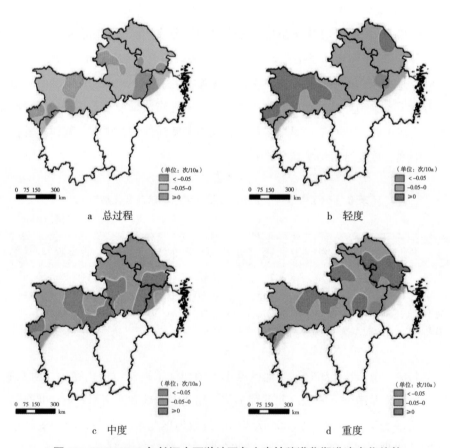

图 12   1961~2012 年长江中下游地区冬小麦抽穗灌浆期涝渍变化趋势

B.5
水稻高温热害演变趋势

水稻高温热害通常指在水稻抽穗开花期气温超过水稻正常生育温度上限，影响正常开花结实，造成空秕粒率上升而减产甚至绝收的一种农业气象灾害。我国水稻高温热害主要发生在长江中下游地区与华南地区的双季早稻抽穗开花期和长江中下游地区一季稻抽穗开花期。

一 双季早稻抽穗开花期高温热害

（一）长江中下游地区双季早稻

长江中下游地区早稻在开花灌浆时期常受高温影响，产量明显下降。1961~2012 年长江中下游地区早稻高温热害发生频次如表 1 所示。1981~2010 年和 1961~2012 年早稻高温热害以轻度居多，中度其次，重度最少。1991~2010 年，早稻高温热害发生总频次以 2001~2010 年最多，1991~2000 年最少。轻度、中度高温热害均以 2001~2010 年最多，重度高温热害以 1971~1980 年最多。

表 1 长江中下游地区早稻高温热害发生频次

单位：站次

灾害等级 \ 年份	1961~1970	1971~1980	1981~1990	1991~2000	2001~2010	1981~2010	1961~2012
轻度	68	74	80	61	147	288	458
中度	32	45	29	38	125	192	295
重度	18	32	10	6	21	37	97
总和	118	151	119	105	293	517	850

1961~2012 年长江中下游地区早稻抽穗开花期高温热害发生频次如图 1a 所示，总体呈东西部多、中部少的分布格局，重度高温热害发生较少，空间

格局不明显。高温热害多发于浙江南部、湖南东南局部，发生频次为 40~49
次，平均每 10a 发生 8~9 次；江西中北部局部、湖南东南部、浙江南部局部
为 30~40 次，平均每 10a 发生 6~8 次；浙江中部及西部、安徽东南部、江
西中部及西南部、湖北东南部、湖南中部局部为 20~30 次，平均每 10a 发生
4~6 次；其他地区发生频次较少，不到 20 次，平均每 10a 不到 4 次。早稻抽
穗开花期轻度高温热害发生频次分布如图 1b 所示，多发于浙江南部、江西
东北局部、湖南东南部，发生频次为 20~26 次，平均每 10a 发生 4~5 次；浙
江西北部和东南局部、安徽南部、江西大部、湖北东南部、湖南东南部为
10~20 次，平均每 10a 发生 2~4 次；浙江东部及西部、安徽南部局部、江西

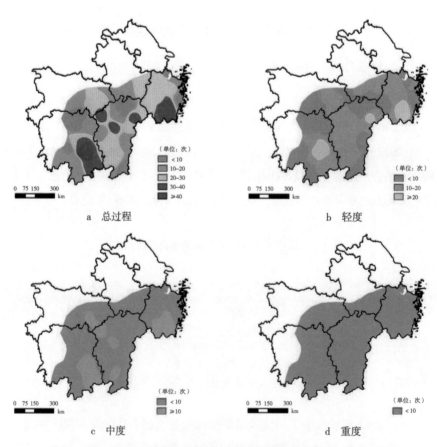

图 1　1961~2012 年长江中下游地区早稻抽穗开花期高温热害发生频次

北部及东南部、湖北中南部及东部、湖南东北部及中南部不到 10 次，平均每 10a 不到 2 次。早稻抽穗开花期中度高温热害发生频次如图 1c 所示，多发于浙江南部、江西西北部及南部局部、湖北东南局部、湖南东南部，发生频次为 10~17 次，平均每 10a 发生 2~3 次；其他地区不到 10 次，平均每 10a 不到 2 次。早稻抽穗开花期重度高温热害发生频次较少（见图 1d），整个长江中下游地区不到 10 次，平均每 10a 不到 2 次。

1961~2010 年各时段长江中下游地区早稻抽穗开花期高温热害发生频次如图 2 所示，总体呈东西部多、中部少的分布格局。1961~1970 年，浙江南部、江西西北部、湖南中部及东南部早稻高温热害发生频次为 6~8 次，安徽东南部、江西东北部及西北部、湖南南部以及浙江中部、西南部及西北部高温热害发生频次为 3~6 次，其他地区不到 3 次（见图 2a）。1971~1980 年，浙江南部、江西中部局部、湖南东南部早稻高温热害发生频次为 6~9 次，浙江北部及西部、安徽东南部、江西东北部及西部、湖北东南部、湖南中部及东南部为 3~6 次，其他地区不到 3 次（见图 2b）。1981~1990 年，浙江南部、湖南东南部早稻高温热害发生频次为 9~11 次，浙江南部局部、湖南东部局部地区为 6~9 次，其他地区不到 6 次（见图 2c）。1991~2000 年，湖南中部局部地区早稻高温热害发生频次为 6~8 次，浙江大部、安徽东南部、湖南东南部以及江西中部、东北及西南部高温热害发生频次为 3~6 次，其他地区不到 3 次（见图 2d）。2001~2010 年，浙江南部早稻高温热害发生频次为 12~14 次，浙江中西大部、江西东北部及西北部、湖北东南局部、湖南中东部地区为 9~12 次，其他地区不到 9 次（见图 2e）。1981~2010 年，浙江南部、江西中部局部、湖南东南部早稻高温热害发生频次为 20~30 次，浙江大部、安徽东南部、江西大部、湖北东南部、湖南中东部为 10~20 次，其他地区不到 10 次（见图 2f）。

1961~2012 年长江中下游地区早稻抽穗开花期高温热害变化趋势如表 2 所示。1961~2012 年和 1981~2010 年早稻抽穗开花期高温热害均呈增多趋势。1961~2012 年重度高温热害呈减少趋势，轻度、中度高温热害呈增多趋势，其中中度高温热害增幅更大。1981~2010 年轻度、中度、重度高温热害均呈增多趋势，其中中度高温热害增幅最大。早稻高温热害发生总频次在

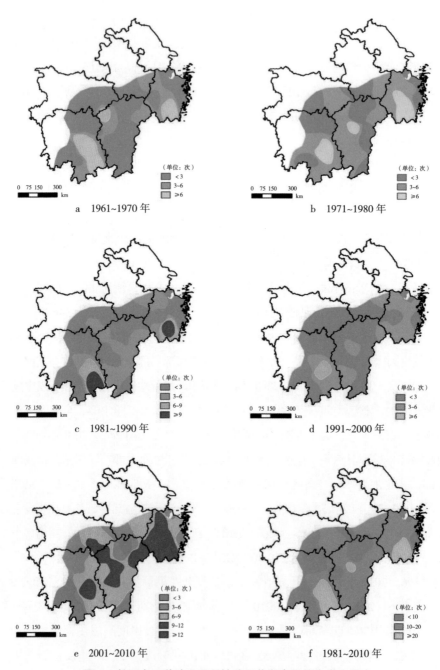

图 2　长江中下游地区早稻抽穗开花期高温热害发生频次

1971~1980 年、1981~1990 年和 2001~2010 年均呈增多趋势，且 1971~1980 年增幅最大。轻度高温热害在 1971~1980 年呈增多趋势。中度高温热害在 1971~1980 年、1981~1990 年和 2001~2010 年呈增多趋势，其中 1981~1990 年增幅最大。重度高温热害在 1971~1980 年和 1981~1990 年呈增多趋势，其中 1971~1980 年增幅更大。

表 2　长江中下游地区早稻抽穗开花期高温热害变化趋势

单位：站次 /10a

灾害等级	1961~1970 年	1971~1980 年	1981~1990 年	1991~2000 年	2001~2010 年	1981~2010 年	1961~2012 年
轻度	−15.64	4.24	−6.30	−2.12	−1.03	2.63	1.32
中度	−10.06	0.42	5.88	0	3.58	4.62	1.85
重度	−8.61	1.70	1.58	−1.09	−1.39	0.46	−0.08
总和	−34.30	6.36	1.15	−3.21	1.15	7.71	3.09

1961~2012 年长江中下游地区早稻抽穗开花期高温热害变化趋势如图 3a 所示，浙江大部、安徽南部、湖北东南部、湖南东北部以及江西中部、东北部及西南部呈增多趋势，其中浙江大部、江西中东部、安徽西南局部、湖北东南局部、湖南东北局部增幅为 0.10~0.17 次 /10a；其他地区呈减少趋势，其中湖南南部减幅为 0.05~0.08 次 /10a。早稻抽穗开花期轻度高温热害变化趋势如图 3b 所示，浙江大部、安徽东南部、江西中部及东北部、湖北东南部、湖南南部及东部呈增多趋势，其中浙江东北局部、安徽西南局部、江西中部及东部局部增幅为 0.10~0.13 次 /10a；其他地区呈减少趋势，其中湖北南部、江西南部和西北部、浙江中部以及湖南南部、北部和中部减幅小于 0.05 次 /10a。早稻抽穗开花期中度高温热害变化趋势如图 3c 所示，浙江大部、安徽东南部、江西大部、湖北东南部、湖南东部呈增多趋势，其中浙江中南部、江西西北部及南部局部、湖南东北局部增幅为 0.10~0.14 次 /10a；其他地区呈减少趋势，其中湖北东部局部、湖南中部和南部、江西东北局部减幅小于 0.04 次 /10a。早稻抽穗开花期重度高温热害变化趋势如图 3d 所示，浙江北部、东部及西南部，江西中部、东部及东南局部，湖北东南部，湖南中部及北部呈增多趋势，

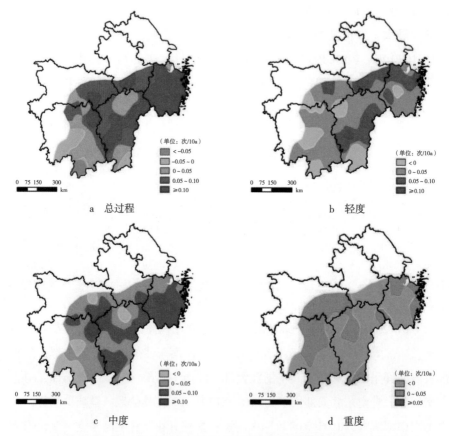

图3　1961~2012 年长江中下游地区早稻抽穗开花期高温热害变化趋势

但增幅小于 0.06 次 /10a；其他地区呈减少趋势，其中安徽南部、湖北东南局部、湖南南部和东部、江西大部、浙江中西大部减幅小于 0.03 次 /10a。

（二）华南地区双季早稻

华南地区双季早稻抽穗开花期也遭遇了不同程度的高温热害，但发生频次少于长江中下游地区。1961~2012 年华南地区早稻高温热害发生频次如表 3 所示，以轻度居多，中度其次，重度最少。高温热害发生总频次以 2001~2010 年最多，1991~2000 年最少。轻度和中度高温热害均以 2001~2010 年最多，重度高温热害以 1971~1980 年最多。

表3 华南地区早稻高温热害发生频次

单位：站次

灾害等级	1961~1970 年	1971~1980 年	1981~1990 年	1991~2000 年	2001~2010 年	1981~2010 年	1961~2012 年
轻度	49	61	78	53	97	228	353
中度	22	27	19	18	57	94	150
重度	9	18	3	7	11	21	49
总和	80	106	100	78	165	343	552

1961~2012 年华南地区早稻抽穗开花期高温热害发生频次如图4a 所示，总体呈北部多、南部少的分布格局，其中重度高温热害较少，空间分布格局不明显。高温热害多于福建中西部，发生频次为 32~46 次，平均每 10a 发生 6~9 次；福建西北局部、广东西北部局部地区为 24~32 次，平均每 10a 发生 5~6 次；福建北部局部、广东东北部及西部局部地区、广西东北部及西南部为 16~24 次，平均每 10a 发生 3~5 次；其他地区平均每 10a 不到 2 次。轻度高温热害发生频次分布如图4b 所示，多发于福建中西部、广东东北部及西北部，发生频次为 16~25 次，平均每 10a 发生 3~5 次；其他地区不到 16 次，平均每 10a 不到 3 次。中度高温热害发生频次分布如图4c 所示，多发于福建中北局部地区，发生频次为 16~17 次，平均每 10a 发生 3 次；福建中部、广东西部和广西东部局部地区为 8~16 次，平均每 10a 发生 2~3 次，其他地区不到 8 次，平均每 10a 不到 2 次。重度高温热害发生频次较少（见图4d），华南地区不到 8 次，平均每 10a 不到 2 次。

1961~2010 年各时段华南地区早稻抽穗开花期高温热害发生频次如图5 所示，各时段高温热害总体呈北部多、南部少的分布格局。1961~1970 年，福建北部局部地区早稻高温热害发生频次为 6~7 次（见图5a），福建中部、广东东北部及西部、广西中部及东部地区为 3~6 次，其他地区不到 3 次。1971~1980 年，福建北部局部地区早稻高温热害发生频次为 12~13 次（见图5b），福建中部局部地区为 9~12 次，其他地区不到 9 次。1981~1990 年，广东西南局部地区早稻高温热害发生频次为 6~7 次（见图5c），福建中部及西北部、广东东北及西北地区、广西中东部及西南部为 3~6 次，其他地区不

农业应对气候变化蓝皮书

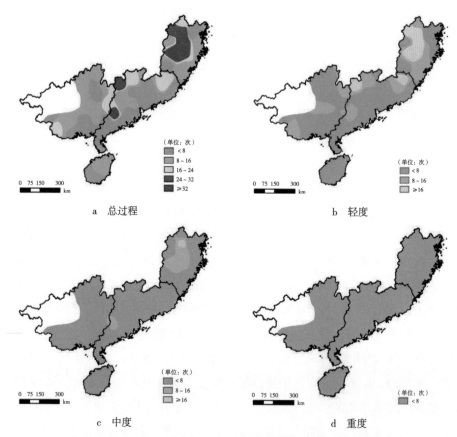

图4　1961~2012年华南地区早稻抽穗开花期高温热害发生频次

到3次。1991~2000年，福建中部局部早稻高温热害发生频次为6~7次（见图5d），福建中部大部、广东东北部和西部局部、广西西南局部为3~6次，其他地区少于3次。2001~2010年，高温热害最为突出（见图5e），福建中北局部早稻高温热害发生频次为12~15次，福建中部、广东西北局部为9~12次，其他地区不到9次。1981~2010年，福建中部及西北部、广东西部局部早稻高温热害发生频次为16~25次（见图5f），福建东部和北部局部、广东北部和西部局部、广西东部及西南局部为8~16次，其他地区不到8次。

1961~2012年华南地区早稻高温热害变化趋势如表4所示。1961~2012年和1981~2010年早稻高温热害均呈增多趋势。1961~2012年轻度、中度

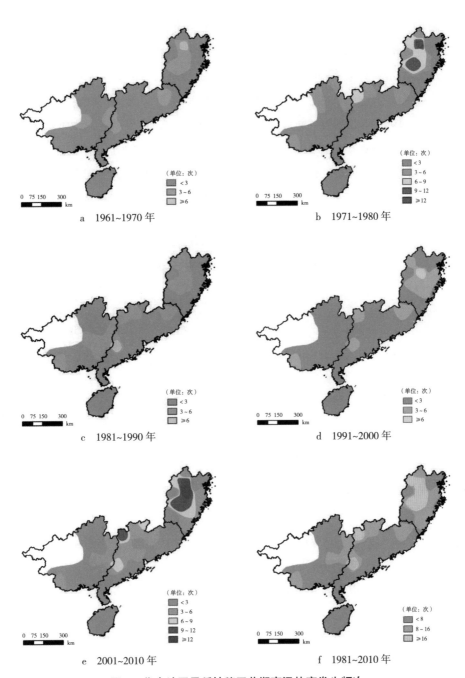

图5　华南地区早稻抽穗开花期高温热害发生频次

高温热害呈增多趋势，重度高温热害呈减少趋势。1981~2010 年轻度、中度、重度高温热害均呈增多趋势，其中中度高温热害增幅最大。早稻高温热害发生总频次在 1971~1980 年、1981~1990 年、1991~2000 年、2001~2010 年均呈增多趋势，其中 1991~2000 年增幅最大。轻度高温热害在 1981~1990 年、1991~2000 年和 2001~2010 年呈增多趋势，中度高温热害在 1971~1980 年、1981~1990 年、1991~2000 年和 2001~2010 年呈增多趋势，重度高温热害在 1971~1980 年、1991~2000 年和 2001~2010 年均呈增多趋势，其中轻度高温热害在 1981~1990 年增幅最大，中度和重度高温热害在 1971~1980 年增幅最大。

表4　华南地区早稻高温热害变化趋势

单位：站次 /10a

灾害等级	1961~1970 年	1971~1980 年	1981~1990 年	1991~2000 年	2001~2010 年	1981~2010 年	1961~2012 年
轻度	−5.76	−0.30	4.12	2	1.52	1.13	0.79
中度	−1.45	4.42	2.36	3.76	1.03	1.95	0.62
重度	−4.91	2.79	−0.30	1.64	1.15	0.45	−0.08
总和	−12.12	6.91	6.18	7.40	3.70	3.53	1.33

1961~2012 年华南地区早稻高温热害变化趋势如图 6a 所示，福建大部、广东大部、广西东北部及西南部呈增多趋势，其中福建中部和东南部、广东西北局部增幅为 0.10~0.19 次 /10a；其他地区呈减少趋势，其中广西中部局部减幅为 0.05~0.06 次 /10a。早稻轻度高温热害变化趋势如图 6b 所示，福建大部、广东大部、广西东北部及西南部呈增多趋势，其中福建中部及东南局部、广东西北局部增幅为 0.10~0.12 次 /10a；其他地区呈减少趋势，其中广西中部局部减幅为 0.05~0.09 次 /10a。早稻中度高温热害变化趋势如图 6c 所示，福建大部、广东大部、广西中部及东南局部呈增多趋势，其中福建中北局部增幅为 0.10~0.14 次 /10a，其他地区呈减少趋势，但减幅小于 0.04 次 /10a。早稻重度高温热害变化趋势如图 6d 所示，广东中西部、广西早稻种植区大部呈增多趋势，但增幅小于 0.04 次 /10a，其他地区呈减少趋势，减幅小于 0.04 次 /10a。

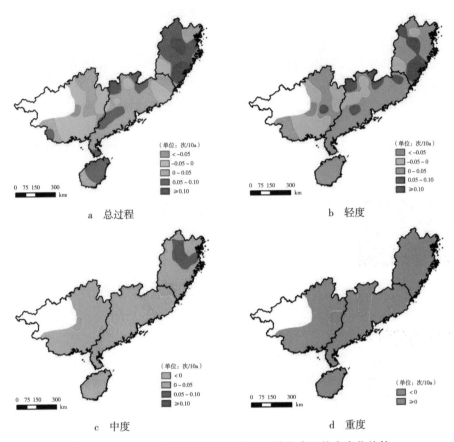

图6 1961~2012年华南地区早稻抽穗开花期高温热害变化趋势

二 一季稻抽穗开花期高温热害

长江中下游地区一季稻在抽穗开花期也常受高温影响。1961~2012年长江中下游地区一季稻高温热害发生频次如表5所示。1981~2010年和1961~2012年高温热害以轻度居多，中度其次，重度最少。一季稻高温热害发生总频次以1961~1970年最多，1981~1990年最少。轻度高温热害以2001~2010年最多，中度和重度高温热害均以1961~1970年最多。

表5　长江中下游地区一季稻高温热害发生频次

单位：站次

灾害等级	1961~1970 年	1971~1980 年	1981~1990 年	1991~2000 年	2001~2010 年	1981~2010 年	1961~2012 年
轻度	149	131	105	120	191	416	725
中度	89	74	58	56	73	187	357
重度	58	47	13	21	25	59	171
总和	296	252	176	197	289	662	1253

1961~2012 年长江中下游地区一季稻高温热害总体呈西部多、东部少的分布格局（见图7a）。安徽西部、湖北东部和西部、湖南西北部一季稻高温热害发生频次为40~70次，湖北东南局部和南部局部、湖南北部局部、江西北部局部为30~40次，其他地区不到30次。一季稻轻度高温热害发生频次分布如图7b所示，安徽西南局部、湖北东部和西南部局部、湖南北部局部为30~36次，安徽西部、湖北中东部和西南部、湖南中北部为20~30次，其他地区不到20次。一季稻中度高温热害发生频次分布如图7c所示，其中，湖北东部局部为20~25次，安徽西部、湖北东部和西南部、湖南中北部为10~20次，其他地区不到10次。一季稻重度高温热害发生频次分布如图7d所示，其中，安徽西部局部地区、湖北东部和西部地区为10~20次，其他地区不到10次。

1961~2010 年各时段长江中下游地区一季稻高温热害发生频次如图8所示，各时段总体呈西部多、东部少的分布格局。其中，1961~1970年，湖北东南局部和西部高温热害发生频次为12~18次（见图8a），安徽西部、湖北东部和西北部、湖南中北部为9~12次，其他地区不到9次。1971~1980年，安徽西部和湖北西部高温热害发生频次为12~16次（见图8b），安徽西部、湖北东部和西南部、湖南北部为9~12次，其他地区不到9次。1981~1990年，安徽西部局部、湖北东南部局部、湖南中西部高温热害发生频次为9~12次（见图8c），安徽西部、湖北东北部和西南部、湖南西部和北部为6~9次，其他地区不到6次。1991~2000年，安徽西部局部、湖北东北部和西部局部、湖南中西部高温热害发生频次为9~12次（见图8d），安徽西部、湖北中东

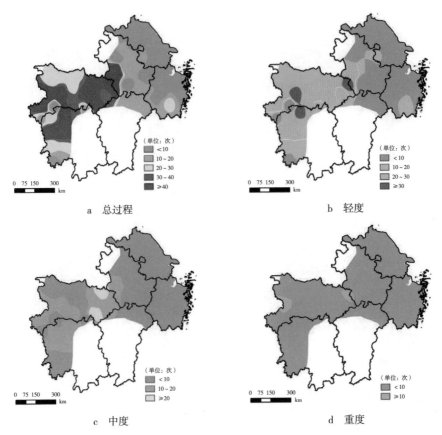

图 7　1961~2012 年长江中下游地区一季稻抽穗开花期高温热害发生频次

部和西南局部、湖南中西部为 6~9 次，其他地区不到 6 次。2001~2010 年，安徽西部局部、湖北东部和西部局部地区高温热害发生频次为 12~16 次（见图 8e），安徽西部、湖北中部局部和西南部、湖南北部和西部局部地区为 9~12 次，其他地区不到 9 次。1981~2010 年，安徽西部局部、湖北东部和西部局部、湖南西部局部地区高温热害发生频次为 30~38 次（见图 8f），安徽西部、湖北中东部和西南部、湖南西北部为 20~30 次，其他地区不到 20 次。

1961~2012 年长江中下游地区一季稻高温热害变化趋势如表 6 所示。1961~2012 年一季稻高温热害呈减少趋势，而 1981~2010 年呈增多趋势。1961~2012 年轻度高温热害呈增多趋势，中度、重度高温热害均呈减少趋势。

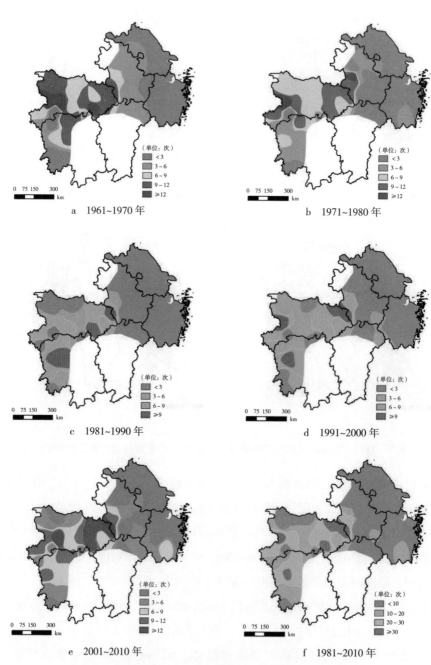

图8 长江中下游地区一季稻抽穗开花期高温热害发生频次

1981~2010 年轻度、中度、重度高温热害均呈增多趋势，其中轻度高温热害增幅最大。除 1971~1980 年外，其他时期的一季稻高温热害发生总频次均呈增多趋势，其中 1991~2000 年增幅最大。轻度高温热害在 1981~1990 年、1991~2000 年呈增多趋势，其中 1991~2000 年增幅最大；中度高温热害在 1961~1970 年、1971~1980 年、2001~2010 年呈增多趋势，其中 2001~2010 年增幅最大；重度高温热害在 1961~1970 年、2001~2010 年呈增多趋势，其中 1961~1970 年增幅更大。

表 6 长江中下游地区一季稻高温热害变化趋势

单位：站次 /10a

灾害等级	1961~1970 年	1971~1980 年	1981~1990 年	1991~2000 年	2001~2010 年	1981~2010 年	1961~2012 年
轻度	−8.91	−5.39	6.36	10.18	−3.33	4.31	0.64
中度	8.18	5.09	−0.97	−2.55	8.30	0.84	−0.45
重度	4.24	−3.58	−1.88	−0.18	1.52	0.51	−0.78
总和	3.52	−3.88	3.52	7.45	6.48	5.67	−0.58

1961~2012 年长江中下游地区一季稻高温热害变化趋势如图 9a 所示，江苏东部、安徽南部和西部局部、湖北东北部和西南部、湖南西部、江西东部和浙江大部高温热害发生频次呈增多趋势，其中湖北东北部和西南局部、湖南西北部增幅为 0.10~0.16 次 /10a；其他地区呈减少趋势，其中安徽东北部、湖北西北部减幅为 0.10~0.14 次 /10a。江苏东部、安徽东南部和西部、湖北中东部和西南部、湖南中西部、江西东部、浙江大部的轻度高温热害发生频次呈增多趋势（见图 9b），其中湖南西部和浙江南部局部增幅为 0.10~0.16 次 /10a；其他地区呈减少趋势，其中安徽东北部、湖北东南部和南部局部减幅为 0.05~0.08 次 /10a。江苏南部、安徽西南部、湖北东部和南部局部、湖南北部和西部局部、江西东北部和浙江大部中度高温热害发生频次呈增多趋势（见图 9c），其中湖北东北局部增幅为 0.05~0.11 次 /10a；其他地区呈减少趋势，其中湖北西北部减幅为 0.05~0.09 次 /10a。湖北西南部、湖南西部重度高温热害发生频次呈增多趋势（见图 9d），但

增幅小于 0.03 次 /10a；其他地区呈减少趋势，其中安徽西部局部减幅为
0.05~0.07 次 /10a。

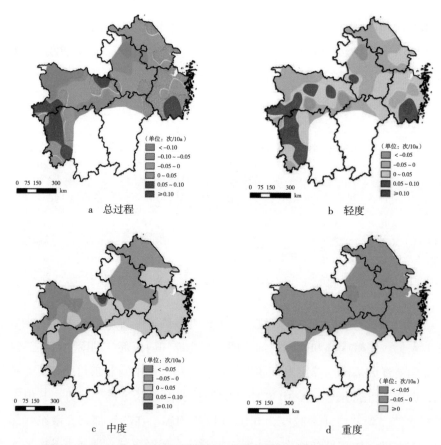

图 9　1961~2012 年长江中下游地区一季稻抽穗开花期高温热害变化趋势

B .6

低温冷害演变趋势

低温冷害（简称冷害）指农作物在生育期间遭受低于其生长发育所需的零上相对低温，引起农作物生育期延迟或生殖器官的生理机能损害，导致农作物减产甚至绝收的一种农业气象灾害。中国低温冷害主要分为夏季低温冷害、春季低温冷害与秋季低温冷害。夏季低温冷害集中于东北地区，春季低温冷害主要影响南方地区早稻的秧苗成活率，秋季低温冷害主要影响南方地区水稻的开花授粉与结实率。在此，重点阐述水稻与玉米的低温冷害演变趋势。

一 水稻低温冷害

水稻生育期长短主要取决于温度条件。全国种植区水稻生产中，春播期和移栽期内低温阴雨会引起大面积烂秧和死苗。水稻在抽穗开花期常遭遇寒露风（秋季低温）危害，不能安全齐穗、正常授粉受精，空秕率增加，甚至出现"翘穗"现象，从而严重减产。水稻生育期间温度持续偏低会导致发育延迟，不能在秋霜冻前成熟或延误下茬作物的播种或移栽。

（一）双季早稻播种育秧期低温阴雨

1. 长江中下游地区早稻

1961~2012 年长江中下游地区早稻播种育秧期低温阴雨发生频次如表 1 所示。1981~2010 年和 1961~2012 年的低温阴雨以轻度居多，中度其次，重度最少。早稻播种育秧期低温阴雨发生总频次以 1961~1970 年最多，1991~2000 年最少。轻度低温阴雨以 1961~1970 年最多，中度低温阴雨以 1981~1990 年最多，重度低温阴雨以 1961~1970 年最多。

表1 长江中下游地区早稻播种育秧期低温阴雨发生频次

单位：站次

灾害等级 \\ 年份	1961~1970	1971~1980	1981~1990	1991~2000	2001~2010	1981~2010	1961~2012
轻度	100	71	64	50	75	189	365
中度	33	18	34	33	18	85	138
重度	4	2	1	2	0	3	9
总和	137	91	99	85	93	277	512

　　1961~2012年长江中下游地区早稻播种育秧期的低温阴雨发生频次呈东部少、西部多的格局（见图1a）。低温阴雨多发于湖南大部、湖北南部、江西南部，其中湖南中部及江西南部局部地区低温阴雨发生频次为20~29次，平均每10a发生4~6次；湖北南部局部、湖南西南局部、江西南部和北部局部为15~20次，平均每10a发生3~4次；湖北南部、湖南大部、江西大部、安徽南部、浙江北部为10~15次，平均每10a发生2~3次；湖南南部局部、安徽南部局部、浙江南部以及湖南、湖北、江西三省交界地区较少，为5~10次，平均每10a发生1~2次。轻度低温阴雨多发于湖南中部局部地区（见图1b），发生频次为20~21次，平均每10a发生4次；湖南中部局部地区、湖南与湖北交界处、安徽西南局部、江西西北局部及南部为10~15次，平均每10a发生2~3次；湖南东部、湖北东南部、安徽东南部、江西和浙江大部为5~10次，平均每10a发生1~2次；湖南东北部、湖北东北局部、江西中部局部和浙江南部发生频次最低，为3~5次，平均每10a发生1次。中度低温阴雨多发于湖南中部、江西南部、浙江和安徽交界地区（见图1c），发生频次为5~10次，平均每10a发生1~2次；湖南东部和南部、江西大部、浙江大部、湖北东南部、安徽南部不到5次，平均每10a不到1次。重度低温阴雨发生频次较少，整个长江中下游地区不到4次（见图1d），平均每10a不到1次。

　　1961~2010年，长江中下游地区早稻播种育秧期的低温阴雨发生频次分布如图2所示，总体呈东部少、西部多的格局。1961~1970年，湖南中南部、湖北与湖南交界处的低温阴雨发生频次为6~8次（见图2a），湖南中

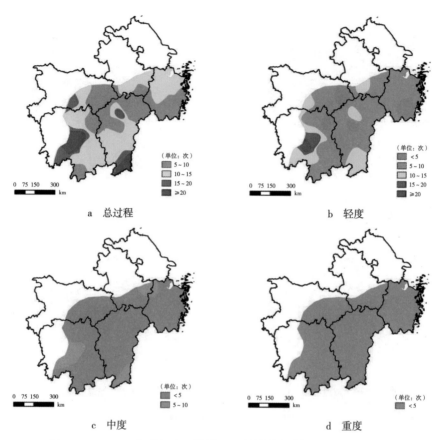

a 总过程

b 轻度

c 中度

d 重度

图1 1961~2012年长江中下游地区早稻播种育秧期低温阴雨发生频次

东部、江西西北局部、湖北中南部、浙江东北局部为4~6次，其他地区不
到4次。1971~1980年，湖南中部早稻播种育秧期低温阴雨发生频次为4~6
次（见图2b），湖南东部、湖北南部局部、江西北部局部和南部、安徽东
南局部、浙江北部为2~4次，其他地区不到2次。1981~1990年，江西南部
局部地区低温阴雨发生频次为6~7次（见图2c），湖南中部局部、江西南部
为4~6次，其他地区为1~4次。1991~2000年，江西东南部低温阴雨发生频
次为6~9次（见图2d），湖南中部、江西南部局部为4~6次，其他地区不到
4次。2001~2010年，湖南中部及东南部、湖北东南部、江西大部、安徽南
部、浙江西部低温阴雨发生频次为2~4次，其他地区不到2次（见图2e）。

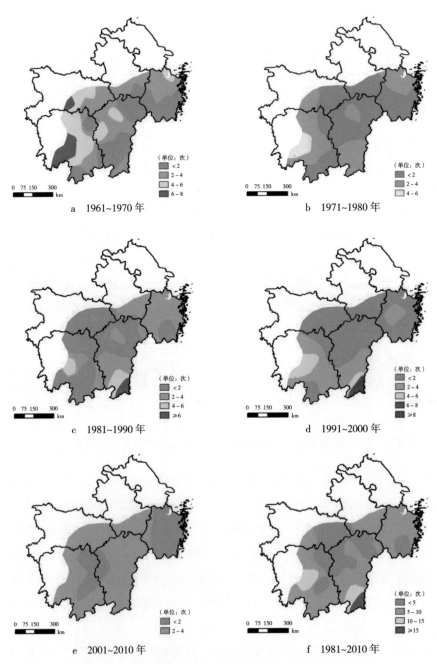

图2 长江中下游地区早稻播种育秧期低温阴雨发生频次

1981~2010 年，江西东南局部地区低温阴雨发生频次为 15~19 次（见图 2f），湖南中部、江西南部为 10~15 次，其他地区为 3~10 次。

长江中下游地区早稻播种育秧期低温阴雨变化趋势如表 2 所示。1961~2012 年早稻播种育秧期低温阴雨呈减少趋势，1981~2010 年呈弱增多趋势。1961~2012 年各灾害等级低温阴雨均呈减少趋势，且轻度的减幅最大。1981~2010 年轻度低温阴雨呈增多趋势，中度、重度呈减少趋势。1971~1980 年、1981~1990 年、2001~2010 年低温阴雨发生总频次均呈增多趋势，其中 2001~2010 年增幅最大；其他时期低温阴雨呈减少趋势，其中 1991~2000 年减幅更大。除 1991~2000 年外，其他各时段轻度低温阴雨均呈增多趋势，其中 1971~1980 年增幅最大；1981~1990 年、2001~2010 年中度低温阴雨和 1981~1990 年重度低温阴雨也呈增多趋势。

表 2　长江中下游地区早稻播种育秧期低温阴雨变化趋势

单位：站次 /10a

灾害等级	1961~1970 年	1971~1980 年	1981~1990 年	1991~2000 年	2001~2010 年	1981~2010 年	1961~2012 年
轻度	2.30	14.97	1.21	−10.91	6.97	0.39	−0.71
中度	−4.42	−0.73	3.52	−1.03	8.61	−0.30	−0.16
重度	−0.24	−0.36	0.18	0	0	−0.04	−0.08
总和	−2.36	13.88	4.91	−11.94	15.58	0.05	−0.95

1961~2012 年长江中下游地区早稻播种育秧期低温阴雨变化趋势如图 3 所示。湖南东南部及东北局部、湖北东南局部、江西南部及东北部、安徽南部、浙江南部呈增多趋势，其中安徽、浙江、江西三省交界地区增幅为 0.05~0.08 次 /10a；其他地区呈减少趋势，其中安徽西南局部、湖北中部、湖南北部和中部、江西西部局部地区减幅为 0.05~0.10 次 /10a（见图 3a）。不同灾害等级低温阴雨发生频次的空间分布特征不同。轻度低温阴雨在安徽南部、湖北东南部、湖南东北局部和东南部、江西东北部和中南部、浙江西南部呈增多趋势，其中安徽、浙江、江西三省交界地区、湖北东部局部增幅为

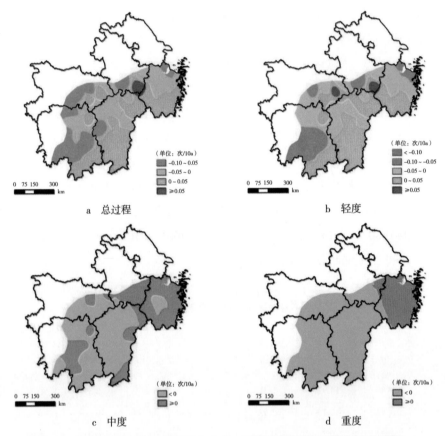

a 总过程

b 轻度

c 中度

d 重度

图3　1961~2012年长江中下游地区早稻播种育秧期低温阴雨变化趋势

0.05~0.06次/10a；其他地区呈减少趋势，其中湖南中南局部减幅为0.10~0.12次/10a（见图3b）。中度低温阴雨在安徽南部、湖北东部局部、湖南中部和东北局部、江西东部和南部、浙江大部均呈增多趋势，增幅小于0.04次/10a；其他地区呈减少趋势，减幅小于0.04次/10a（见图3c）。重度低温阴雨在安徽东南部、浙江大部均呈增多趋势，增幅小于0.01次/10a；其他地区呈减少趋势，减幅小于0.02次/10a（见图3d）。

2. 华南地区早稻

华南地区早稻播种育秧期低温阴雨发生频次如表3所示，以轻度低温阴雨居多，中度其次，重度最少。早稻播种育秧期低温阴雨发生总频次以

1991~2000 年最多，2001~2010 年最少；轻度、中度及重度低温阴雨均以 1991~2000 年最多。

表3　华南地区早稻播种育秧期低温阴雨发生频次

单位：站次

灾害等级 ＼ 年份	1961~1970	1971~1980	1981~1990	1991~2000	2001~2010	1981~2010	1961~2012
轻度	83	96	124	127	77	328	551
中度	42	64	52	83	23	158	274
重度	24	27	24	33	7	64	118
总和	149	187	200	243	107	550	943

1961~2012 年华南地区早稻播种育秧期低温阴雨总体呈南部少、北部多的格局（见图 4a）。低温阴雨多发于福建东北部，发生频次为 64~97 次，平均每 10a 发生 12~19 次；福建西北部为 48~64 次，平均每 10a 发生 9~12 次；福建中部及南部、广东大部、广西中南部不到 48 次，平均每 10a 不到 9 次。轻度低温阴雨多发于福建中部及北部、广东北部、广西中南部、广东与广西交界局部地区，发生频次为 16~23 次，平均每 10a 发生 3~4 次（见图 4b）；福建东南部、广东中南大部、广西南部和北部发生频次较少，不到 16 次，平均每 10a 不到 3 次。中度低温阴雨多发于福建北部，发生频次为 16~28 次（见图 4c），平均每 10a 发生 3~5 次；其他地区不到 16 次，平均每 10a 不到 3 次。重度低温阴雨也多发于福建北部，发生频次为 16~47 次（见图 4d），平均每 10a 发生 3~9 次；其他地区不到 16 次，平均每 10a 不到 3 次。

1961~2010 年华南地区早稻播种育秧期低温阴雨发生频次如图 5 所示，各时段总体呈南部少、北部多的分布格局。1961~1970 年，福建东北局部低温阴雨发生频次为 15~16 次，福建东北部为 10~15 次，其他地区不到 10 次（见图 5a）。1971~1980 年，福建北部低温阴雨发生频次为 10~15 次，广东北部、广西中部和西南局部地区为 5~10 次，其他地区不到 5 次（见图 5b）。1981~1990 年，福建东北局部地区低温阴雨发生频次为 15~22 次，福建北部、广东北部局部地区为 10~15 次，其他地区不到 10 次（见图 5c）。

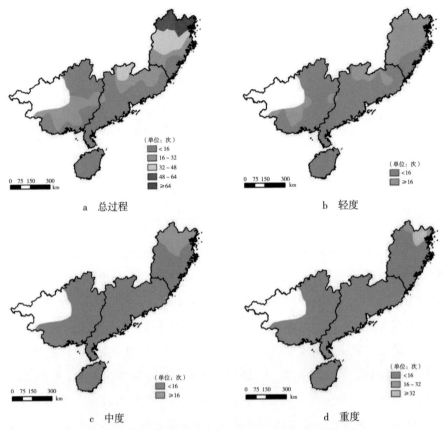

图 4　1961~2012 年华南地区早稻播种育秧期低温阴雨发生频次

1991~2000 年，福建东北局部低温阴雨发生频次为 20~23 次，福建北部为 10~20 次，其他地区不到 15 次（见图 5d）。2001~2010 年，福建东北局部低温阴雨发生频次为 10~16 次，福建西北部为 5~10 次，其他地区不到 5 次（见图 5e）。1981~2010 年，福建东北局部地区低温阴雨发生频次为 48~61 次，福建西北部为 32~48 次，其他地区不到 32 次（见图 5f）。

1961~2012 年华南地区早稻播种育秧期低温阴雨变化趋势如表 4 所示。1961~2012 年早稻播种育秧期低温阴雨呈增多趋势，1981~2010 年呈减少趋势。1961~2012 年轻度低温阴雨呈增多趋势，中度、重度低温阴雨呈减少趋势。1981~2010 年轻度、中度、重度低温阴雨均呈减少趋势，其中轻度低温

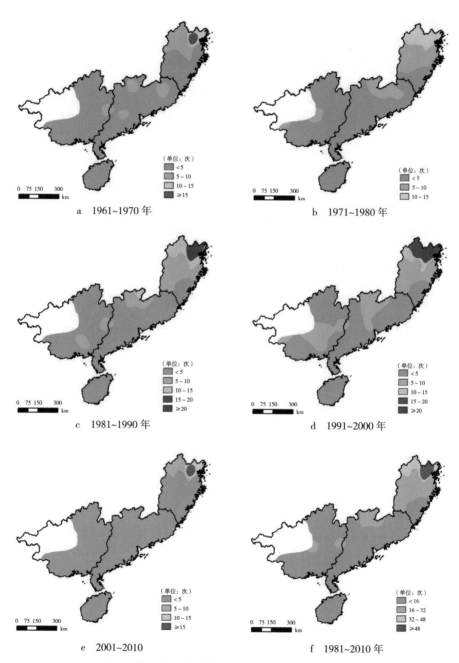

图5 华南地区早稻播种育秧期低温阴雨发生频次

阴雨减幅最大。早稻低温阴雨发生总频次在 1961~1970 年、1971~1980 年、2001~2010 年均呈增多趋势，其中 1971~1980 年增幅最大。除 1981~1990 年外，其他时段轻度低温阴雨均呈增多趋势，其中 1971~1980 年增幅最大；中度低温阴雨在 1961~1970 年、1971~1980 年呈增多趋势，其中 1971~1980 年增幅更大；重度低温阴雨在 1971~1980 年、2001~2010 年呈增多趋势，且 1971~1980 年增幅更大。

表 4　华南地区早稻播种育秧期低温阴雨变化趋势

单位：站次 /10a

灾害等级　　　　年份	1961~1970	1971~1980	1981~1990	1991~2000	2001~2010	1981~2010	1961~2012
轻度	7.82	11.40	−1.45	2.48	7.94	−1.76	0.87
中度	1.33	6.42	−2.18	−4.79	−0.67	−1.57	−0.17
重度	−0.48	3.94	−0.24	−1.76	0.67	−0.81	−0.26
总和	8.67	21.76	−3.87	−4.07	7.94	−4.14	0.44

1961~2012 年华南地区早稻播种育秧期低温阴雨变化趋势如图 6a 所示，福建北部和西南部、广西中南部和西南部以及广东中北部、东南局部和西南局部呈增多趋势，其中福建北部和中部局部、广东北部局部和广西东南局部增幅为 0.05~0.10 次 /10a；其他地区呈减少趋势，其中福建东南部减幅为 0.05~0.07 次 /10a。低温阴雨各灾害等级发生频次的空间分布特征并不相同。轻度低温阴雨变化趋势如图 6b 所示，广西东北部及中南局部、广东大部、福建大部呈增多趋势，其中福建西南部增幅为 0.10~0.12 次 /10a；其他地区呈减少趋势，其中福建东南部减幅为 0.05~0.06 次 /10a。中度低温阴雨变化趋势如图 6c 所示，福建北部，广东北部、西部和东部局部地区，广西东部局部和中南局部呈增多趋势，增幅低于 0.06 次 /10a；其他地区呈减少趋势，其中福建中西局部减幅为 0.05~0.06 次 /10a。重度低温阴雨变化趋势如图 6d 所示，福建东北局部、广东北部局部地区呈增多趋势，增幅低于 0.01 次 /10a；其他大部分地区呈减少趋势，减幅低于 0.04 次 /10a。

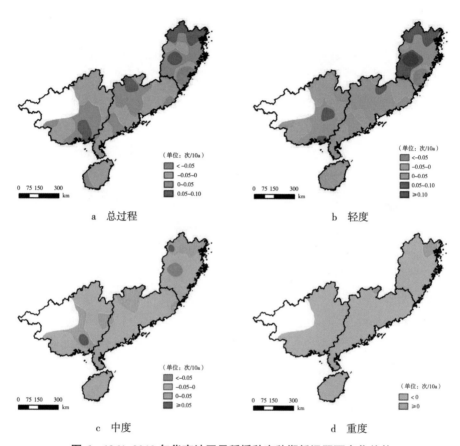

图6　1961~2012年华南地区早稻播种育秧期低温阴雨变化趋势

（二）双季晚稻抽穗开花期寒露风

1. 长江中下游地区晚稻

1961~2012年长江中下游地区晚稻抽穗开花期寒露风各时段发生频次如表5所示。晚稻寒露风发生总频次以1971~1980年最多，2001~2010年最少。轻度、中度、重度寒露风均以1971~1980年最多。1961~2012年，寒露风以中度居多，轻度其次，重度最少；1981~2010年则以轻度居多，中度其次，重度最少。

表5 长江中下游地区晚稻抽穗开花期寒露风发生频次

单位：站次

年份 灾害等级	1961~1970	1971~1980	1981~1990	1991~2000	2001~2010	1981~2010	1961~2012
轻度	260	381	353	370	286	1009	1732
中度	376	456	364	296	217	877	1806
重度	58	118	77	50	58	185	382
总和	694	955	794	716	561	2071	3920

1961~2012年长江中下游地区晚稻抽穗开花期寒露风总体呈东南部少、西北部多的分布格局（见图7a）。寒露风多发于湖南西南部和北部局部、湖北中东部，发生频次为160~195次，平均每10a发生31~38次；湖南中北部、湖北东南局部、浙江中部局部为120~160次，平均每10a发生23~31次；湖南东部大部、湖北东南局部、江西西南局部及中北局部、浙江西部大部、安徽西部和东部局部为80~120次，平均每10a发生15~23次；江西大部、湖北东南局部、浙江东部、安徽南部以及湖南南部、中部和东北局部为40~80次，平均每10a发生8~15次；江西东南部最少，为20~40次，平均每10a发生4~8次。晚稻轻度寒露风多发于湖南东部和南部局部、湖北中南部、江西南部局部和北部局部、浙江西南部、安徽西南局部，发生频次为40~80次，平均每10a发生8~15次（见图7b）；其他地区不到40次，平均每10a不到8次。中度寒露风多发于湖南西南部和北部局部、湖北中南部，发生频次为80~107次，平均每10a发生15~21次（见图7c）；湖南中北部和南部局部、湖北东南部、江西西北部和东部局部、浙江西部、安徽西部和东南局部为40~80次，平均每10a发生8~15次；湖南中南部和东北部、湖北东部、江西大部、安徽南部、浙江东部和西部局部地区最少，为7~40次，平均每10a发生1~8次。重度寒露风在长江中下游地区发生频次不到27次，平均每10a不到6次（见图7d）。

1961~2010年长江中下游地区晚稻抽穗开花期寒露风发生频次如图8所示，各时段总体呈东南部少、西北部多的分布格局。1961~1970年，湖北中

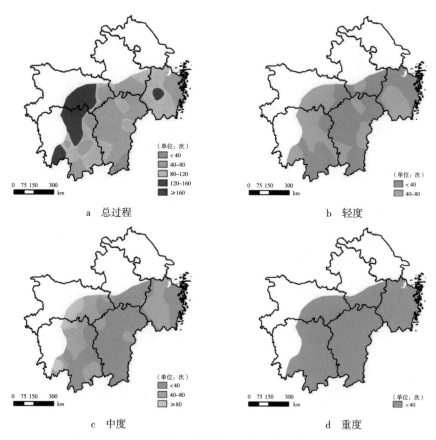

a　总过程　　　　　　　　　　　　　b　轻度

c　中度　　　　　　　　　　　　　d　重度

图7　1961~2012年长江中下游地区晚稻抽穗开花期寒露风发生频次

南部晚稻寒露风发生频次为 36~41 次，湖南西南局部和北部、湖北东南部为 27~36 次，其他地区为 4~27 次（见图 8a）；1971~1980 年，湖南南部和中北部、湖北中南部晚稻寒露风发生频次为 36~44 次，湖南中东局部、江西东北局部、浙江西南部为 27~36 次，其他地区为 3~27 次（见图 8b）；1981~1990 年，湖北中部局部晚稻寒露风发生频次为 36~38 次，湖北中南部、湖南西南部和北部局部地区为 27~36 次，其他地区为 3~27 次（见图 8c）；1991~2000 年，湖南与湖北交界晚稻寒露风为 36~42 次，湖南北部、湖北中东部为 27~36 次，其他地区为 7~27 次（见图 8d）；2001~2010 年，湖北南部局部、湖南西南局部晚稻寒露风发生频次为 27~30 次，湖北东南部、湖南中北部、

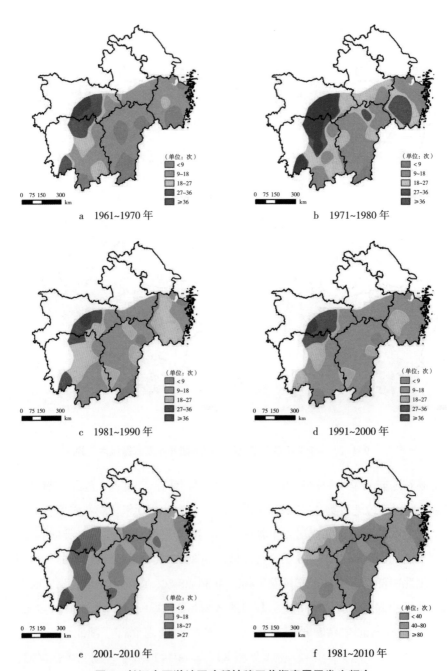

图8 长江中下游地区晚稻抽穗开花期寒露风发生频次

江西西南局部、浙江西南局部为 18~27 次，其他地区为 2~18 次（见图 8e）。
1981~2010 年，湖南西南部和北部局部地区、湖北中南部局部晚稻寒露风发生
频次为 80~102 次，湖南东部大部、湖北东部局部、江西南部和北部局部、安
徽东南部、浙江西部为 40~80 次，其他地区为 12~40 次（见图 8f）。

长江中下游地区晚稻抽穗开花期寒露风变化趋势如表 6 所示。
1961~2012 年和 1981~2010 年晚稻寒露风均呈减少趋势。1961~2012 年轻度
寒露风呈增多趋势，中度、重度寒露风呈减少趋势；1981~2010 年轻度、中
度、重度寒露风均呈减少趋势，其中度寒露风减幅最大。晚稻寒露风发生
总频次在 1961~1970 年和 1981~1990 年呈增多趋势，其中 1961~1970 年增幅
更大。轻度寒露风在 1981~1990 年呈增多趋势；中度寒露风在 1961~1970 年
呈增多趋势；除 1981~1990 年外，其他年代重度寒露风均呈增多趋势，并以
1971~1980 年增幅最大。

表 6　长江中下游地区晚稻抽穗开花期寒露风变化趋势

单位：站次 /10a

灾害等级＼年份	1961~1970	1971~1980	1981~1990	1991~2000	2001~2010	1981~2010	1961~2012
轻度	−18.55	−7.58	55.82	−29.21	−19.03	−2.70	0.57
中度	34.91	−19.03	−25.33	−20.61	−22.97	−9.07	−3.85
重度	10.30	17.70	−14.24	5.58	12.48	−0.71	−0.22
总和	26.66	−8.91	16.25	−44.24	−29.52	−12.48	−3.50

1961~2012 年长江中下游地区晚稻抽穗开花期寒露风变化趋势如图 9a
所示，湖南东南局部、江西中南大部、浙江南部晚稻寒露风呈增多趋势，
其中湖南东南局部、江西西南部增幅为 0.10~0.27 次 /10a；其他地区呈减少
趋势，其中湖北东南部、湖南东北部和东南部、江西东北部、浙江西北部
减幅为 0.10~0.32 次 /10a。轻度寒露风变化趋势如图 9b 所示，安徽东南部，
湖北东南部，湖南北部、西南部和东南局部，江西西北部、中南部和东北
部，浙江大部呈增多趋势；其中安徽东南局部，湖南东南局部，江西西南

部、西北和东北局部，浙江西部增幅为 0.10~0.30 次 /10a。中度寒露风变化趋势如图 9c 所示，湖南南部、江西中部局部呈增多趋势，增幅低于 0.03 次 /10a；其他地区呈减少趋势，其中安徽南部、湖北东南部、湖南中北部、江西西北部和东北部、浙江中西部减幅为 0.10~0.29 次 /10a。重度寒露风变化趋势如图 9d 所示，安徽南部局部、湖北南部局部、湖南中东部和南部、江西大部、浙江西部和中东局部呈增多趋势，增幅低于 0.05 次 /10a；其他地区呈减少趋势，其中安徽与浙江交界地区减幅为 0.10~0.13 次 /10a。

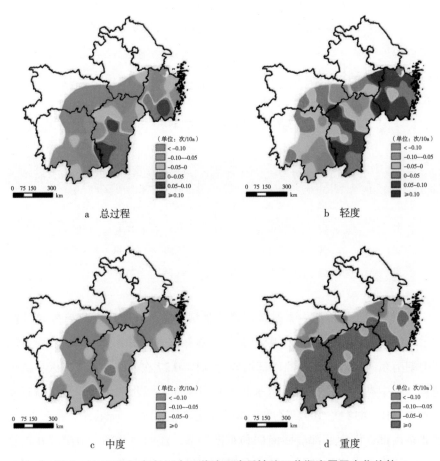

图 9　1961~2012 年长江中下游地区晚稻抽穗开花期寒露风变化趋势

2. 华南地区晚稻

1961~2012 年华南地区晚稻抽穗开花期寒露风发生频次如表 7 所示。1981~2010 年、1961~2012 年寒露风均以轻度居多，中度其次，重度最少。寒露风发生总频次以 1971~1980 年最多，2001~2010 年最少。轻度寒露风以 1961~1970 年最多，中度、重度寒露风均以 1971~1980 年最多。

表 7　华南地区晚稻抽穗开花期寒露风发生频次

单位：站次

灾害等级＼年份	1961~1970	1971~1980	1981~1990	1991~2000	2001~2010	1981~2010	1961~2012
轻度	389	373	291	367	270	928	1766
中度	270	393	333	285	163	781	1484
重度	56	60	45	48	17	110	235
总和	715	826	669	700	450	1819	3485

1961~2012 年华南地区晚稻抽穗开花期寒露风发生频次如图 10a 所示，总体呈东西部多、中部少的分布格局。寒露风多发于广西东部和南部、广东西部和东部、福建北部和南部，其中福建西北局部、广东西北部、广西中东部和南部发生频次为 113~139 次，平均每 10a 发生 22~27 次；福建西北部和东南部、广东东部和西部、广西东南部为 85~112 次，平均每 10a 发生 16~22 次；福建中北部、广东中南部和东部局部、广西南部局部地区为 57~84 次，平均每 10a 发生 11~16 次；福建中东部、广东南部和北部局部、广西北部为 29~56 次，平均每 10a 发生 6~11 次；福建中部局部和西南局部、广东中北部局部和南部局部、广西西南局部不到 28 次，平均每 10a 不到 6 次。寒露风各灾害等级发生频次空间分布并不相同。轻度寒露风多发于福建西北部和东南部、广东西部局部、广西中东部，发生频次为 56~72 次，平均每 10a 发生 11~13 次（见图 10b）；福建中西部、广东大部、广西南部和北部为 28~56 次，平均每 10a 发生 5~11 次；福建东北部和西南局部、广东北部和南部局部、广西北部和南部局部发生频次较少，为 6~28 次，平均每 10a 发生 1~5 次。中度寒露风多发于福建西北部和东南

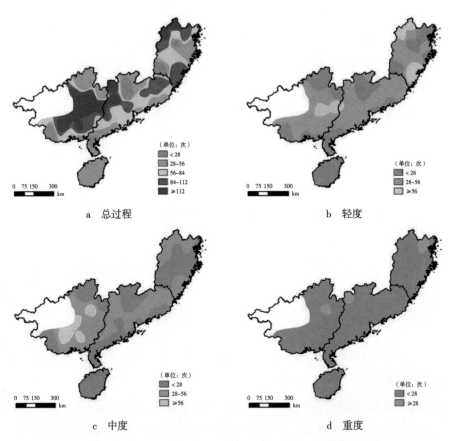

图10 1961~2012年华南地区晚稻抽穗开花期寒露风发生频次

部、广东西部和中东部、广西东部，其中广西中部局部发生频次为56~61次，平
均每10a发生11~12次（见图10c）；福建西北部和东南部、广东西部和中东部、
广西东部为28~56次，平均每10a发生5~11次；福建中部大部、广东北部和南
部、广西西南部和东北部不到28次，平均每10a不到5次。重度寒露风多发于
福建东北部、广东西北局部、广西东北局部，发生频次为28~35次，平均每10a
发生5~7次（见图10d）；其他地区不到28次，平均每10a不到5次。

1961~2010年华南地区晚稻抽穗开花期寒露风发生频次如图11所示，
各时段总体呈东西部多、中部少的分布格局。1961~1970年，福建西北部和东南部、广东东北部和西部局部、广西中东部寒露风发生频次为21~28次，福建北部和东南局部、广东西部和东部、广西南部为14~21次，福建中部、广东南部和北部局部、广西北部和南部局部为7~14次，其他地区不到7次（见图11a）；1971~1980年，广东西部和东部局部寒露风发生频次为28~32次，福建西北部和东南部、广东西部和中东部、广西中东大部为21~28次，福建北部和中南部、广东中南部、广西南部局部为14~21次，福建中北部、广东南部和东北局部、广西北部和西南局部为7~14次，其他地区不到7次（见图11b）；1981~1990年，广西中东局部寒露风发生频次为28~31次，福建西北部、广东西北局部、广西中东部为21~28次，福建西北部和东南部、广东中西部和东部、广西南部和东部局部为14~21次，福建中东部、广东南部和东部、广西东北局部和南部局部为7~14次，其他地区为1~7次（见图11c）；1991~2000年，福建西北部、广西中部局部地区寒露风发生频次为28~36次，福建西北局部、广东西北部、广西中东部为21~28次，福建北部和东南部、广东中西部和东部、广西南部局部为14~21次，福建中部、广东南部和东北部、广西北部和南部局部为7~14次，其他地区为1~7次（见图11d）；2001~2010年，广西中南部和东部寒露风发生频次为21~25次，福建北部和东南部、广东西北部和东部、广西中东部和南部为14~21次，福建中西部和东部局部、广东中部、广西北部和东南部为7~14次，其他地区不到7次（见图11e）。1981~2010年，福建西北部、广东西北部、广西中东部晚稻寒露风发生频次为58~79次，福建东北部和南部、广东南部和中东部、广西南部和北部局部为26~58次，其他地区为3~26次（见图11f）。

　　1961~2012年华南地区晚稻抽穗开花期寒露风变化趋势如表8所示。1961~2012年和1981~2010年晚稻寒露风均呈减少趋势，轻度、中度、重度寒露风也呈减少趋势，且中度寒露风减幅最大。寒露风发生总频次在1961~1970年呈增多趋势，其他时段均呈减少趋势。轻度寒露风在1961~1970年、1971~1980年、1981~1990年三个年代均呈增多趋势，且1961~1970年增幅最大。中度寒露风在1961~1970年呈增多趋势；重度寒露风在1961~1970年和2001~2010年呈增多趋势，且1961~1970年增幅更大。

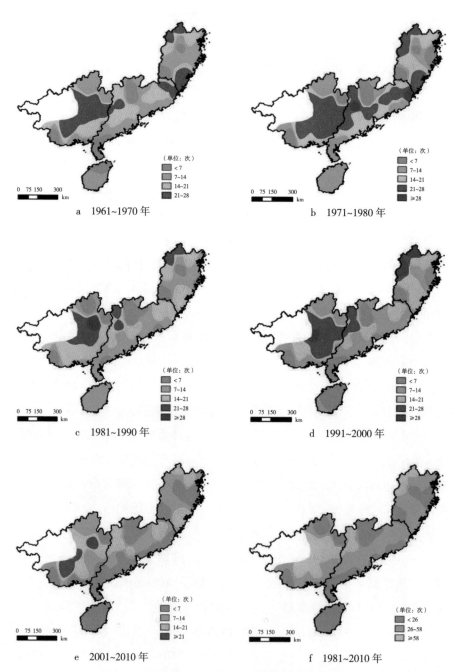

图 11 华南地区晚稻抽穗开花期寒露风发生频次

表 8　华南地区晚稻抽穗开花期寒露风变化趋势

单位：站次 /10a

年份 灾害等级	1961~1970	1971~1980	1981~1990	1991~2000	2001~2010	1981~2010	1961~2012
轻度	16.30	8.06	6.85	−34.73	−40.12	−3.43	−2.22
中度	16.97	−20.91	−24.42	−1.76	−12.91	−9.00	−3.44
重度	5.09	−11.15	−2.73	−7.27	2.00	−1.54	−0.87
总和	38.36	−24.00	−20.30	−43.76	−51.03	−13.97	−6.53

1961~2012 年华南地区晚稻抽穗开花期寒露风变化趋势如图 12a 所示，福建北部、广东北部、广西东北部寒露风呈增多趋势，其中广东北部增幅为

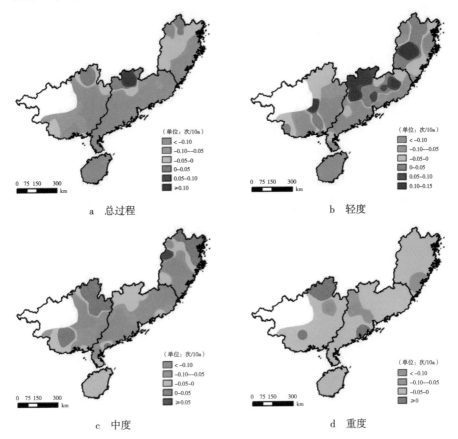

a　总过程

b　轻度

c　中度

d　重度

图 12　1961~2012 年华南地区晚稻抽穗开花期寒露风变化趋势

0.10~0.13 次 /10a；其他地区呈减少趋势，其中福建东南部和西北局部、广东东南部和西南部、广西中东部和南部减幅为 0.10~0.56 次 /10a。轻度寒露风变化趋势如图 12b 所示，福建中西部和北部、广东中北部、广西中部和南部局部地区呈增多趋势，其中福建中西部、广东北部、广西中部局部增幅为 0.10~0.15 次 /10a；其他地区呈减少趋势，其中福建西部局部和东部、广东南部、广西东部和南部减幅为 0.10~0.30 次 /10a。中度寒露风变化趋势如图 12c 所示，福建东北部和西部局部、广西南部和东北部呈增多趋势，增幅低于 0.08 次 /10a；其他地区呈减少趋势，其中福建中南部、广东东部和西部、广西中部减幅为 0.10~0.24 次 /10a。重度寒露风变化趋势如图 12d 所示，广东南部局部、广西北部和南部局部呈增多趋势，增幅低于 0.03 次 /10a；其他地区呈减少趋势，其中广东中西局部、广西东北局部减幅为 0.10~0.13 次 /10a。

（三）东北地区水稻低温冷害

东北地区水稻生育期偏短，气温偏低，从播种至成熟各个生育阶段均有遭受低温冷害的可能。表 9 给出了 1961~2012 年东北水稻低温冷害的发生频次，1981~2010 年、1961~2012 年低温冷害均以中度居多，轻度其次，重度最少。低温冷害总过程以 1961~1970 年最多，2001~2010 年最少。轻度、中度和重度各灾害等级低温冷害发生最多的时段分别为 1981~1990 年、1961~1970 年和 1971~1980 年。

表 9 东北地区水稻低温冷害发生频次

单位：站次

灾害等级 \ 年份	1961~1970	1971~1980	1981~1990	1991~2000	2001~2010	1981~2010	1961~2012
轻度	22	8	29	7	1	37	67
中度	42	31	35	19	2	56	129
重度	17	24	13	4	0	17	58
总和	81	63	77	30	3	110	254

1961~2012 年东北地区水稻低温冷害分布如图 13 所示，总体呈中部最多、北部其次、南部较少的分布格局。黑龙江东部、吉林大部、辽宁东北部低温冷害多发，其中吉林中南局部发生频次为 12~14 次，平均每 20a 发生 4~6 次；黑龙江东部及吉林中西部、东北部和南部为 9~12 次，平均每 20a 发生 4 次；黑龙江东南部、吉林东部和北部局部、辽宁东北部为 6~9 次，平均每 20a 发生 2~4 次；黑龙江东南局部、吉林东部局部和辽宁东部局部为 3~6 次，平均每 20a 发生 2 次；辽宁中南部最少，不到 3 次，平均每 20a 不到 2 次。轻度低温冷害多发于黑龙江中东部、辽宁东北局部以及吉林西部、东部和中南局部，发生频次为 3~5 次，平均每 10a 发生 1 次（见图 13b）；黑龙

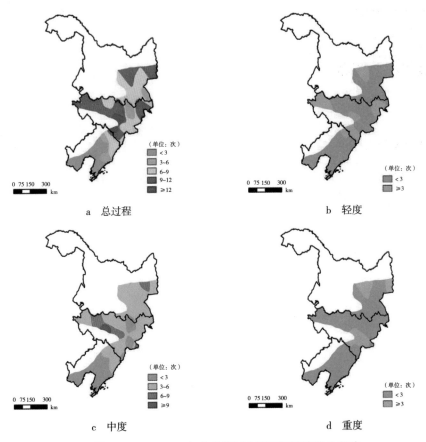

图 13　1961~2012 年东北地区水稻低温冷害发生频次

江东南部、吉林北部和东部、辽宁东部和南部不到 3 次，平均每 20a 不到 1
次。中度低温冷害多发于吉林中部局部地区，发生频次为 9~10 次，平均每
20a 发生 2 次（见图 13c）；黑龙江东部局部、吉林中北部和东南局部为 6~9
次，平均每 10a 发生 1~2 次；黑龙江东部、吉林大部、辽宁东北部为 3~6 次，
平均每 10a 发生 1 次；其他地区不到 3 次，平均每 20a 不到 1 次。重度低温
冷害多发于黑龙江中东部和吉林东南部，发生频次为 3~5 次，平均每 20a 发
生 2 次（见图 13d）；其他地区不到 3 次，平均每 20a 不到 1 次。

  1961~2010 年东北地区水稻低温冷害发生频次如图 14 所示，各时段
分布格局并不相同，但低温冷害总体呈减弱趋势。1961~1970 年，黑龙江
中东部局部水稻低温冷害发生频次为 5~6 次，黑龙江中东部、吉林西北部
为 4~5 次，黑龙江东部局部、吉林西部局部和中北部为 3~4 次，黑龙江东
南部、吉林东部、辽宁东北局部为 2~3 次，其他地区不到 2 次（见图 14a）；
1971~1980 年，吉林中部局部地区低温冷害发生频次为 4~5 次，吉林东南部
和辽宁东北部为 3~4 次，吉林中西部和东部、辽宁东部局部为 2~3 次，其他
地区不到 2 次（见图 14b）；1981~1990 年，吉林南部局部低温冷害发生频
次为 4~5 次，黑龙江东南部及吉林西部、东部局部和中南部为 3~4 次，其
他地区不到 3 次（见图 14c）；1991~2000 年，黑龙江东南部、吉林东南部、
辽宁东北部低温冷害发生频次为 1~2 次，其他地区不到 1 次（见图 14d）；
2001~2010 年各地区低温冷害发生频次低于 1 次（见图 14e）。1981~2010 年，
吉林东北部低温冷害发生频次为 6~7 次，黑龙江东南部、吉林大部、辽宁东
北部为 3~6 次，其他地区不到 3 次（见图 14f）。

  1961~2012 年东北地区水稻低温冷害变化趋势如表 10 所示。1961~2012
年和 1981~2010 年低温冷害发生频次均呈减少趋势，且中度低温冷害减幅最
大。低温冷害发生总频次在 1971~1980 年、1981~1990 年、2001~2010 年呈
增多趋势，其中 1971~1980 年增幅最大。轻度低温冷害在 1981~1990 年呈增
多趋势；中度低温冷害在 1971~1980 年、1981~1990 年、2001~2010 年呈增
多趋势，其中 1971~1980 年增幅最大；重度低温冷害在 1961~1970 年呈增多
趋势。其他各时段各灾害等级低温冷害均呈减少趋势。

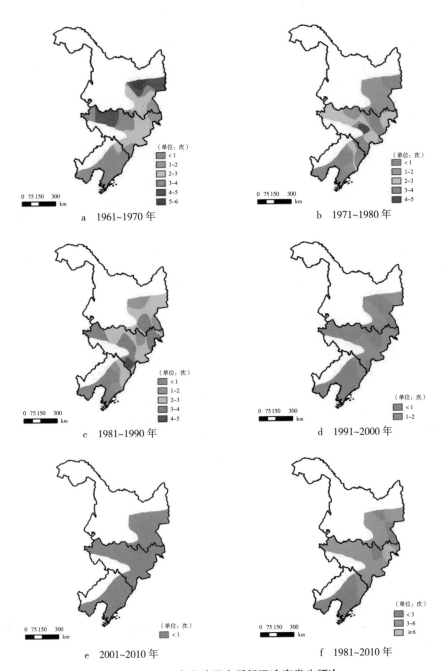

图14 东北地区水稻低温冷害发生频次

表 10　东北地区水稻低温冷害变化趋势

单位：站次 /10a

灾害等级 ＼ 年份	1961~1970	1971~1980	1981~1990	1991~2000	2001~2010	1981~2010	1961~2012
轻度	−0.24	−0.24	4.55	−2.12	−0.42	−1.17	−0.41
中度	−2.42	5.39	0.06	−4.91	0.85	−1.62	−0.90
重度	0.42	−1.09	−1.27	−0.36	0	−0.64	−0.53
总和	−2.24	4.06	3.34	−7.39	0.43	−3.43	−1.84

　　1961~2012 年东北地区水稻低温冷害变化趋势如图 15 所示，总体呈减少趋势，其中黑龙江中东部、吉林西北部减幅为 0.10~0.12 次 /10a。轻度低温冷

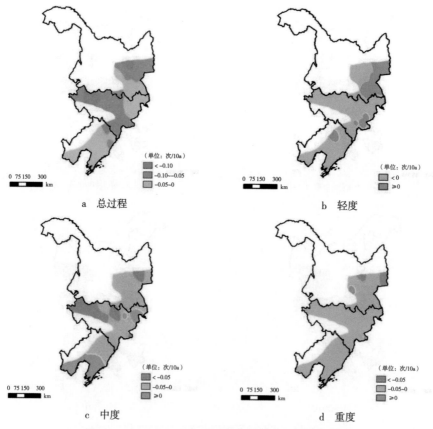

图 15　1961~2012 年东北地区水稻低温冷害变化趋势

害变化趋势如图 15b 所示，黑龙江东南部、吉林东南部、辽宁中北部呈增多趋势，增幅低于 0.01 次 /10a；其他地区呈减少趋势，减幅低于 0.04 次 /10a。中度低温冷害变化趋势如图 15c 所示，吉林东北部、辽宁南部呈增多趋势，增幅低于 0.01 次 /10a；其他地区呈减少趋势，其中黑龙江东部、吉林西北部减幅为 0.05~0.08 次 /10a。重度低温冷害变化趋势如图 15d 所示，黑龙江中部、吉林东南部呈增多趋势，增幅低于 0.01 次 /10a；其他地区呈减少趋势，其中黑龙江中东部减幅为 0.05~0.08 次 /10a。

二　玉米低温冷害

玉米生育期持续低温将导致发育延迟，灌浆期遇初霜冻将对产量造成很大影响。研究表明，东北地区 5~9 月平均气温总和低于多年平均气温 2.0~3.0℃将导致玉米减产 5.0%~15.0%，即发生一般冷害；5~9 月平均气温总和低于常年气温 3.0~4.0℃将导致玉米减产 15.0% 以上，即发生严重冷害（马树庆等，2003）。

1961~2012 年东北地区春玉米 5~9 月低温冷害发生频次如表 11 所示。1981~2010 年、1961~2012 年低温冷害均以中度居多，重度其次，轻度最少。春玉米低温冷害发生总频次以 1961~1970 年最多，2001~2010 年最少；轻度、中度和重度低温冷害均以 1961~1970 年最多。

表 11　东北地区春玉米 5~9 月低温冷害发生频次

单位：站次

灾害等级 \ 年份	1961~1970	1971~1980	1981~1990	1991~2000	2001~2010	1981~2010	1961~2012
轻度	20	12	11	9	2	22	54
中度	91	75	81	43	1	125	291
重度	25	22	22	14	0	36	83
总和	136	109	114	66	3	183	428

1961~2012 年东北地区春玉米 5~9 月低温冷害发生频次如图 16 所示,总体呈中部最多、北部其次、南部较少的分布格局。低温冷害多发于吉林中西部,发生频次为 12~14 次,平均每 10a 发生 2~3 次;黑龙江东北部和西南局部、辽宁东北部以及吉林北部、南部和东部局部为 9~12 次,平均每 20a 发生 3~5 次;黑龙江南部大部、吉林北部局部和东部为 6~9 次,平均每 20a 发生 2~3 次;辽宁西部不到 3 次,平均每 20a 不到 1 次。轻度低温冷害多发于黑龙江中部和东北部局部、吉林东北部和西部局部,发生频次为 3~4 次,平均每 10a 不到 1 次(见图 16b);其他地区不到 3 次,平

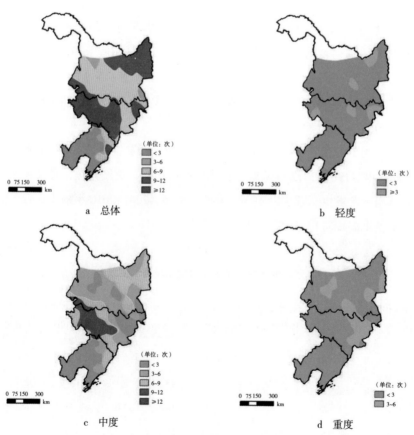

图 16　1961~2012 年东北地区春玉米 5~9 月低温冷害发生频次

均每 20a 不到 1 次。中度冷害多发于吉林西南部局部，发生频次为 12~13 次，平均每 10a 发生 2 次（见图 16c）；吉林中西部大部为 9~12 次，平均每 10a 发生 2 次，其他地区不到 9 次。重度冷害多发于黑龙江东部、南部和西部局部及吉林东部，发生频次为 3~6 次，平均每 10a 发生 1 次，其他地区不到 3 次（见图 16d）。

1961~2010 年东北地区春玉米低温冷害发生频次如图 17 所示，各时段分布格局差异较大。1961~1970 年，黑龙江东北部低温冷害发生频次为 5~6 次，黑龙江西南部局部、吉林西部为 4~5 次，其他地区不到 2 次（见图 17a）；1971~1980 年，吉林中部局部低温冷害发生频次为 4~5 次，吉林中南部、西部和东部局部及辽宁东北局部为 3~4 次，其他地区不到 3 次（见图 17b）；1981~1990 年，吉林西部低温冷害发生频次为 4~5 次，黑龙江东南部、吉林中部和西部局部为 3~4 次，其他地区不到 3 次（见图 17c）；1991~2000 年，黑龙江中北局部低温冷害发生频次为 3~4 次，吉林中部局部为 2~3 次，其他地区不到 2 次（见图 17d）；2001~2010 年，各地区春玉米低温冷害发生频次不到 1 次（见图 17e）。1981~2010 年，黑龙江中北部局部、吉林中部局部低温冷害发生频次为 6~7 次，黑龙江南部和东部、吉林大部、辽宁东北部为 3~6 次，其他地区不到 3 次（见图 17f）。

1961~2012 年东北地区春玉米 5~9 月低温冷害变化趋势如表 12 所示。1961~2012 年和 1981~2010 年春玉米低温冷害总体减少，并且中度低温冷害减幅最大。不同时段差异明显，1971~1980 年、1981~1990 年、2001~2010 年低温冷害发生总频次呈增多趋势，其中 1981~1990 年增幅最大。轻度、中度低温冷害在 1971~1980 年、1981~1990 年、2001~2010 年呈增多趋势，其中轻度低温冷害以 1971~1980 年增幅最大，中度低温冷害以 1981~1990 年增幅最大；除 2001~2010 年无明显变化外，其他时段重度低温冷害均呈减少趋势，其中 1991~2000 年减幅最大。

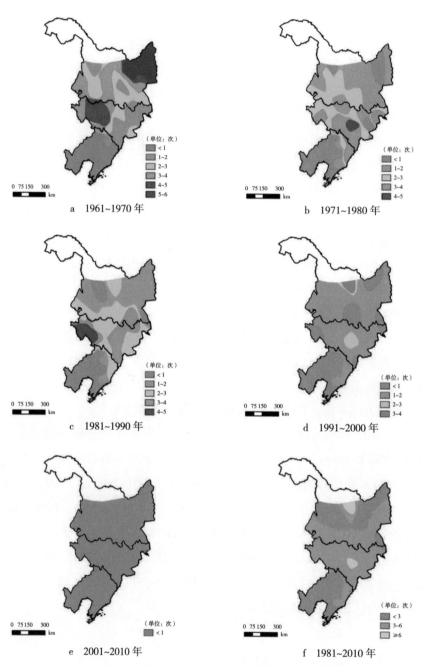

图 17 东北地区春玉米 5~9 月低温冷害发生频次

表 12 东北地区春玉米 5~9 月低温冷害变化趋势

单位：站次 /10a

灾害等级 \ 年份	1961~1970	1971~1980	1981~1990	1991~2000	2001~2010	1981~2010	1961~2012
轻度	−1.58	2.91	0.67	−2.24	0.85	−0.43	−0.37
中度	−5.03	1.39	7.09	−12.06	0.42	−3.73	−2.12
重度	−1.27	−2.91	−2.30	−4.12	0	−1.21	−0.64
总和	−7.88	1.39	5.45	−18.42	1.27	−5.37	−3.13

1961~2012 年东北地区春玉米 5~9 月低温冷害变化趋势如图 18 所示，总体呈减少趋势，其中黑龙江东北部、吉林西部减幅为 0.10~0.12 次 /10a。

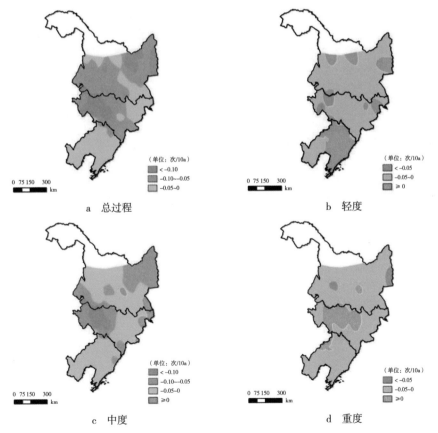

图 18 1961~2012 年东北地区春玉米 5~9 月低温冷害变化趋势

轻度低温冷害变化趋势如图 18b 所示，黑龙江中部和东部局部、吉林东北部和西北部、辽宁东部低温冷害呈增多趋势，增幅低于 0.01 次 /10a；其他地区呈减少趋势，其中吉林西部减幅为 0.05~0.06 次 /10a。中度低温冷害变化趋势如图 18c 所示，黑龙江东南部、吉林东北部低温冷害呈增多趋势，增幅低于 0.02 次 /10a；其他地区呈减少趋势，其中黑龙江西南部、吉林西部减幅为 0.10~0.12 次 /10a。重度低温冷害变化趋势如图 18d 所示，黑龙江中部局部地区、吉林中西部、辽宁西北部低温冷害呈增多趋势，增幅低于 0.01 次 /10a；其他地区呈减少趋势，其中黑龙江东部和西部局部减幅为 0.05~0.07 次 /10a。

霜冻害演变趋势

　　霜冻害指日最低气温下降使植株茎、叶温度下降到0℃或0℃以下，导致正在生长发育的植物冻伤，引起作物减产甚至绝收的农业气象灾害。初霜冻对东北地区主要作物如大豆、小麦、水稻、玉米等危害较大，初霜冻常常恰好发生在作物成熟期的9月中下旬，在东北地区北部有时发生在9月上旬。终霜冻对华北和西北地区的冬小麦危害较大，因为4月上、中旬正值冬小麦拔节孕穗。南方部分地区如长江中下游及其以南地区的小麦等由于春季回暖较早，二三月份就已抽穗或开花，易遭受终霜冻危害；华南南部尽管霜冻出现概率极小或常年无霜，但个别年份在特别强劲的寒潮南下时，作物也会受到很大影响。在此重点阐述易受霜冻害影响的小麦和玉米霜冻害演变趋势。

一　小麦霜冻害

　　小麦霜冻害主要发生在黄淮海与长江中下游地区，多发生在小麦苗期。

（一）黄淮海地区冬小麦苗期霜冻害

　　黄淮海地区是我国重要的优质小麦生产区，也是历史上冬小麦霜冻害最频发的地区。1981~2000年冬小麦霜冻害发生频次多达9次，发生频率高达45.0%，地处黄淮腹地的商丘市高达60.0%。1995年河南省发生霜冻害的面积有9.7×10^5公顷，其中商丘市有90%的麦田受害，幼穗冻死比例为20.0%~50.0%，受害面积达3×10^5公顷（胡新，1999）。

　　1961~2012年冬小麦苗期霜冻害发生频次如表1所示。1981~2010年和1961~2012年霜冻害以轻度居多，中度其次，重度最少。轻度、中度和重度霜冻害均以1961~1970年最多。

表1　黄淮海地区冬小麦苗期霜冻害发生频次

单位：站次

灾害等级 \ 年份	1961~1970	1971~1980	1981~1990	1991~2000	2001~2010	1981~2010	1961~2012
轻度	802	545	618	343	288	1249	2654
中度	568	308	405	244	193	842	1749
重度	348	199	241	111	116	468	1034
总和	1718	1052	1264	698	597	2559	5437

1961~2012年黄淮海地区冬小麦苗期霜冻害发生频次如图1所示，总体呈西部多、东部少的分布格局。霜冻害多发于山西西部和东部局部，发生频次

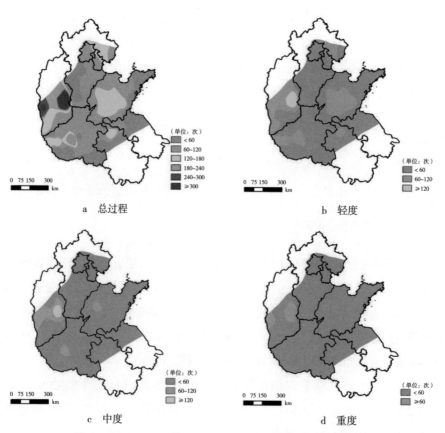

图1　1961~2012年黄淮海地区冬小麦苗期霜冻害发生频次

为240~363次，平均每10a发生48~72次；山东中部、河南西南部、河北东北部、安徽北部局部为120~240次，平均每10a发生24~48次；北京、天津、河北东南部、山东北部和西部、河南大部、山西东南部、安徽北部、江苏西北部为60~120次，平均每10a发生12~24次；其他地区不到60次，平均每10a不到12次。轻度霜冻害多发于山西中东部和西南部、河北东北部、山东中部、河南西南部、安徽北部局部，发生频次为60~141次，平均每10a发生12~28次；其他地区不到60次，每10a不到12次。中度霜冻害多发于山西中东部、河南中部局部、山东西部局部，发生频次为60~127次，平均每10a发生12~25次；其他地区不到60次，每10a不到12次。重度霜冻害多发于山西东部和西部，发生频次为60~95次，每10a为12~19次；其他大部分地区不到60次，每10a不到12次。

1961~2010年黄淮海地区冬小麦苗期霜冻害发生频次如图2所示，除1961~1970年总体均较高外，其他各时段总体呈西部多、东部少的分布格局。1961~1970年，山西西南局部、河南中部局部、河北东北局部霜冻害发生频次为64~69次，山西西南部和东部局部、河北东北部、山东中部局部、安徽北部局部、河南中部局部为48~64次，其他地区为5~48次（见图2a）；1971~1980年，山西中部霜冻害发生频次为48~63次，山西西南部、河北东北局部、山东中部、安徽北部局部、河南中部局部为32~48次，其他地区不到32次（见图2b）；1981~1990年，山西东部和西部霜冻害发生频次为48~77次，山西中部、河北东北部、山东中部、河南西南部、安徽西北局部为32~48次，其他地区不到32次（见图2c）；1991~2000年，山西东部和西部霜冻害发生频次为48~85次，山西中部、河北东北部、天津东北局部、山东中北部、河南西南部为16~48次，其他地区不到16次（见图2d）；2001~2010年，山西西部和东部霜冻害发生频次为48~70次，河北东北部和南部局部、山东中西部、河南西南部和北部局部为16~48次，其他地区不到16次（见图2e）；1981~2010年，山西东部和西部冬小麦苗期霜冻害发生频次为120~230次，河北东北部、山东中部、河南西南部为60~120次，其他地区不到60次（见图2f）。

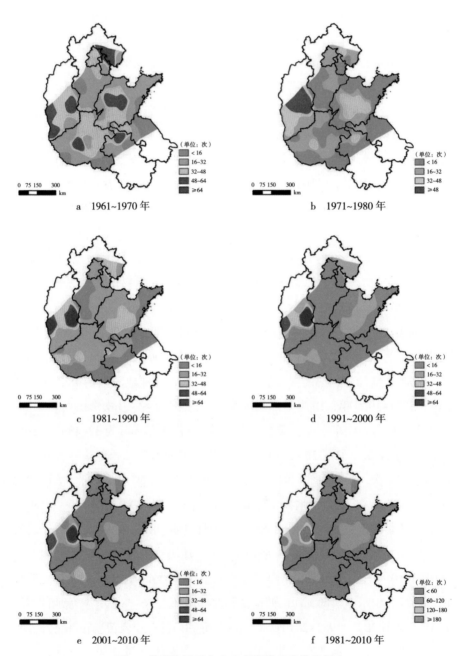

图2 黄淮海地区冬小麦苗期霜冻害发生频次

　　1961~2012 年黄淮海地区冬小麦苗期霜冻害变化趋势如表 2 所示。1961~2012 年和 1981~2010 年的轻度、中度、重度霜冻害均呈减少趋势，其中轻度霜冻害减幅最大。霜冻害发生总频次在 1961~1970 年、2001~2010 年呈增多趋势，并以 1961~1970 年增幅更大。轻度、中度霜冻害在 1961~1970 年和 2001~2010 年呈增多趋势；重度霜冻害在 1961~1970 年、1971~1980 年、2001~2010 年呈增多趋势，并以 1961~1970 年增幅最大；其他各时段各灾害等级霜冻害均呈减少趋势。

表 2　黄淮海地区冬小麦苗期霜冻害变化趋势

单位：站次 /10a

灾害等级＼年份	1961~1970	1971~1980	1981~1990	1991~2000	2001~2010	1981~2010	1961~2012
轻度	77.09	−14.00	−42.42	−20.67	17.94	−16.34	−11.35
中度	57.21	−5.45	−14.73	−15.03	9.15	−10.19	−7.53
重度	43.76	2.48	−7.21	−8.18	17.09	−5.50	−4.83
总和	178.06	−16.97	−64.36	−43.88	44.18	−32.03	−23.71

　　1961~2012 年黄淮海地区冬小麦苗期霜冻害变化趋势如图 3a 所示，山西东部和西部苗期霜冻害呈增多趋势，增幅为 0.10~0.49 次 /10a；其他大部分地区均呈减少趋势，减幅为 0.10~1.19 次 /10a。各灾害等级霜冻害变化的空间分布格局不同。轻度霜冻害变化趋势如图 3b 所示，山西西部和东部呈增多趋势，增幅低于 0.06 次 /10a；其他地区呈减少趋势，减幅低于 0.57 次 /10a。中度霜冻害变化趋势如图 3c 所示，山西西部和东部、山东西部、河南西南部和东南部呈增多趋势，其中山西东部和西部增幅为 0.10~0.35 次 /10a；其他大部分地区呈减少趋势，减幅低于 0.46 次 /10a。重度霜冻害变化趋势如图 3d 所示，山西西部和东部、河南中部局部呈增多趋势，增幅低于 0.07 次 /10a；其他大部分地区呈减少趋势，减幅低于 0.31 次 /10a。

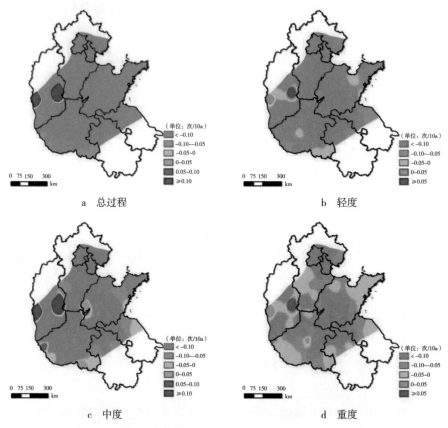

图3 1961~2012年黄淮海地区冬小麦苗期霜冻害变化趋势

（二）长江中下游地区冬小麦苗期霜冻害

长江中下游地区也是小麦霜冻害主要灾区。冬小麦在春季恢复生长后，耐寒力随气温升高而减弱，当侵入的冷空气低温强度超过当时冬小麦的耐寒力时就会发生霜冻害。1961~2012年长江中下游地区冬小麦苗期霜冻害发生频次如表3所示。1981~2010年、1961~2012年霜冻害以轻度居多，中度其次，重度最少。冬小麦苗期霜冻害发生总频次以1961~1970年最多，2001~2010年最少，轻度、中度霜冻害也以1961~1970年最多，重度霜冻害则以1971~1980年最多。

表3　长江中下游地区冬小麦苗期霜冻害发生频次

单位：站次

灾害等级 \ 年份	1961~1970	1971~1980	1981~1990	1991~2000	2001~2010	1981~2010	1961~2012
轻度	52	41	25	13	9	143	283
中度	32	17	8	7	3	67	134
重度	9	12	1	6	2	30	60
总和	93	70	34	26	14	240	477

1961~2012年长江中下游地区冬小麦苗期霜冻害发生频次如图4所示，总体呈北部多、其他部分少的分布格局。苗期霜冻害多发于安徽西部、湖北北部，其中安徽西部局部发生频次为30~44次，平均每10a发生6~8次；安徽西部局部、湖北西北局部为20~30次，平均每10a发生4~6次；安徽西部、湖南西北局部以及湖北东部、北部和西南局部为10~20次，平均每10a发生2~4次；湖北和安徽中南大部、江苏中南大部、浙江西北部、湖南西北部少有霜冻害，发生频次不到10次，平均每10a不到2次。轻度霜冻害多发于安徽西部局部，发生频次为20~25次，平均每10a发生4~5次（见图4b）；安徽西部局部、湖南西北局部以及湖北西北部、东部和西南局部为10~20次，平均每10a发生2~4次；其他地区不到10次，平均每10a少于2次。中度霜冻害多发于安徽西部局部，发生频次为10~12次，平均每10a发生2次（见图4c）；其他地区不到10次，平均每10a不到2次。重度霜冻害发生频次较少，全区不到7次，平均每10a不到1次（见图4d）。

1961~2010年长江中下游地区冬小麦苗期霜冻害发生频次分布如图5所示，除1991~2000年和2001~2010年发生频次较少外，其他各时段总体呈北部多、其他地区少的分布格局，且随时间推移呈减少趋势。1961~1970年，安徽西部局部霜冻害发生频次为12~19次，安徽西部、湖北北部和东北局部为9~12次，其他地区不到9次（见图5a）；1971~1980年，安徽西部局部和湖北西部局部霜冻害发生频次为9~11次，安徽西部、湖北北部和西部局部为6~9次，其他地区不到6次（见图5b）；1981~1990年，安

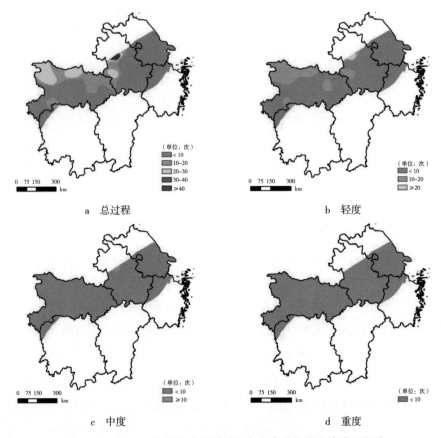

a 总过程

b 轻度

c 中度

d 重度

图4 1961~2012年长江中下游地区冬小麦苗期霜冻害发生频次

徽西部局部和湖北西部局部霜冻害发生频次为6~9次，湖北北部和西南局部、湖南西北局部为3~6次，其他地区不到3次（见图5c）；1991~2000年，安徽西部局部霜冻害发生频次为3~4次，其他地区不到3次（见图5d）；2001~2010年安徽西部局部霜冻害发生频次为3~6次，其他地区不到3次（见图5e）；1981~2010年，安徽西部局部和湖北西部局部霜冻害发生频次为9~14次，安徽西部、湖南西北局部以及湖北东部、北部和西南局部为3~9次，其他地区不到3次（见图5f）。

1961~2012年长江中下游地区冬小麦苗期霜冻害变化趋势如表4所示。

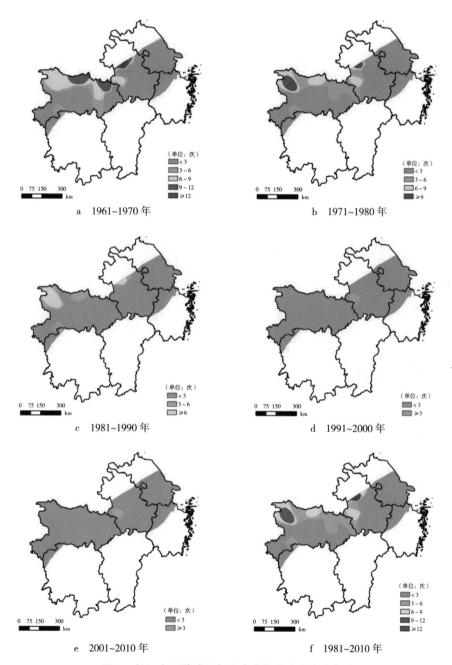

a　1961~1970 年　　　　　　　　　　b　1971~1980 年

c　1981~1990 年　　　　　　　　　　d　1991~2000 年

e　2001~2010 年　　　　　　　　　　f　1981~2010 年

图 5　长江中下游地区冬小麦苗期霜冻害发生频次

1961~2012 年和 1981~2010 年冬小麦苗期霜冻害呈减少趋势，轻度、中度、重度霜冻害均呈减少趋势，其中轻度霜冻害减幅最大。冬小麦苗期霜冻害发生总频次在 1961~1970 年、2001~2010 年呈增多趋势，其中 1961~1970 年增幅更大。冬小麦苗期轻度霜冻害在 1961~1970 年、1991~2000 年、2001~2010 年呈增多趋势，其中 1961~1970 年增幅最大；冬小麦苗期中度、重度霜冻害在 1961~1970 年也呈增多趋势；其他各时段各灾害等级霜冻害均呈减少趋势。

表 4　长江中下游地区冬小麦苗期霜冻害变化趋势

单位：站次 /10a

灾害等级＼年份	1961~1970	1971~1980	1981~1990	1991~2000	2001~2010	1981~2010	1961~2012
轻度	2.42	−2.61	−2.12	0.91	1.15	−0.71	−1.03
中度	4.97	−2.85	−1.58	−2.36	−0.42	−0.38	−0.65
重度	0.06	−2.18	−0.18	−3.27	−0.36	−0.10	−0.24
总和	7.45	−7.64	−3.88	−4.72	0.37	−1.19	−1.92

　　1961~2012 年长江中下游地区冬小麦苗期霜冻害变化趋势如图 6a 所示，湖北南部苗期霜冻害呈增多趋势，增幅低于 0.01 次 /10a；其他大部分地区呈减少趋势，其中安徽西部、湖北北部和西南部减幅为 0.10~0.39 次 /10a。轻度霜冻害变化趋势如图 6b 所示，湖北南部、安徽西部局部苗期轻度霜冻害呈增多趋势，增幅低于 0.01 次 /10a；其他地区呈减少趋势，其中安徽中西部局部及湖北东部、北部和西南局部减幅为 0.10~0.16 次 /10a。中度霜冻害变化趋势如图 6c 所示，湖北中部和东南部呈增多趋势，增幅低于 0.01 次 /10a；其他地区呈减少趋势，其中安徽西部局部减幅为 0.10~0.13 次 /10a。重度霜冻害变化趋势如图 6d 所示，湖北西南部和东北部、湖南西北部呈增多趋势，增幅低于 0.01 次 /10a；其他地区呈减少趋势，减幅低于 0.10 次 /10a。

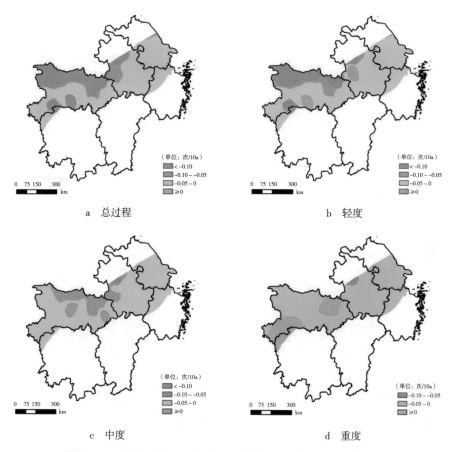

图 6　1961~2012 年长江中下游地区冬小麦苗期霜冻害变化趋势

二　玉米霜冻害

（一）东北地区春玉米苗期霜冻害

东北地区是玉米重要产区，但苗期霜冻害发生频次较少。1961~2012 年东北地区春玉米苗期霜冻害发生频次如表 5 所示。1981~2010 年、1961~2012 年春玉米苗期霜冻害以轻度居多，中度其次，重度最少。春玉米苗期霜冻害发生总频次以 1961~1970 年最多，2001~2010 年最少。轻度霜冻害以 1971~1980 年最多，中度和重度霜冻害以 1961~1970 年最多。

表 5　东北地区春玉米苗期霜冻害发生频次

单位：站次

灾害等级 \ 年份	1961~1970	1971~1980	1981~1990	1991~2000	2001~2010	1981~2010	1961~2012
轻度	59	62	38	12	11	61	182
中度	28	27	17	12	8	37	92
重度	15	11	7	0	4	11	37
总和	102	100	62	24	23	109	311

1961~2012 年东北地区春玉米苗期霜冻害发生频次较少（见图 7a），主要发生在吉林东南部，发生频次为 36~80 次，平均每 10a 发生 7~16 次；吉

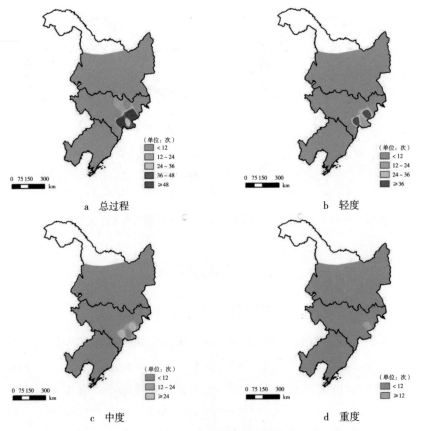

a　总过程

b　轻度

c　中度

d　重度

图 7　1961~2012 年东北地区春玉米苗期霜冻害发生频次

林中北部为 12~36 次，平均每 10a 发生 2~7 次；黑龙江大部、吉林西部和东北部、辽宁大部不到 12 次，平均每 10a 不到 2 次。轻度霜冻害多发于吉林东南部，发生频次为 12~43 次，平均每 10a 发生 2~8 次（见图 7b）；其他大部分地区不到 12 次，平均每 10a 不到 2 次。中度霜冻害也集中于吉林东南部，发生频次为 12~27 次，平均每 10a 发生 2~5 次（见图 7c）；其他地区不到 12 次，平均每 10a 不到 2 次。重度霜冻害较少，吉林东南部局部发生频次为 12~14 次，平均每 10a 发生 2 次（见图 7d）；其他地区不到 12 次，平均每 10a 不到 2 次。

1961~2010 年东北地区春玉米苗期霜冻害发生频次如图 8 所示，各时段总体呈吉林东南部较多、其他地区较少的分布格局。1961~1970 年，吉林东南部春玉米苗期霜冻害发生频次为 15~33 次，吉林中北部、黑龙江南部局部为 5~15 次，其他地区不到 5 次（见图 8a）；1971~1980 年，吉林东南部局部春玉米苗期霜冻害发生频次为 15~28 次，东南部为 5~15 次，其他地区不到 5 次（见图 8b）；1981~1990 年，吉林东南部局部发生频次为 10~14 次，东南大部为 5~10 次，其他地区不到 5 次（见图 8c）；1991~2000 年，吉林东南部局部为 5~8 次，其他地区不到 5 次（见图 8d）；2001~2010 年吉林东南部局部为 5~6 次，其他大部分地区不到 5 次（见图 8e）；1981~2010 年，吉林东南部为 12~23 次，其他地区不到 12 次（见图 8f）。

1961~2012 年东北地区春玉米苗期霜冻害变化趋势如表 6 所示。1961~2012 年和 1981~2010 年春玉米苗期霜冻害呈减少趋势，苗期轻度、中度、重度霜冻害均呈减少趋势，其中轻度霜冻害减幅最大。苗期霜冻害发生总频次在 1961~1970 年、1971~1980 年、1981~1990 年呈增多趋势，且以 1961~1970 年增幅最大。苗期轻度霜冻害在 1961~1970 年、1971~1980 年、1981~1990 年、1991~2000 年呈增多趋势，其中 1981~1990 年增幅最大；苗期中度霜冻害除 2001~2010 年无明显变化外，其他各时段均呈减少趋势；苗期重度霜冻害在 1961~1970 年、1971~1980 年呈增多趋势，其中 1961~1970 年增幅更大。

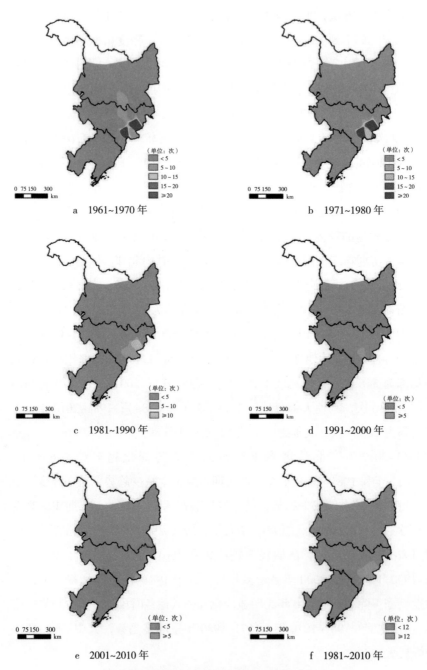

图8　东北地区春玉米苗期霜冻害发生频次

表6　东北地区春玉米苗期霜冻害变化趋势

单位：站次 /10a

灾害等级＼年份	1961~1970	1971~1980	1981~1990	1991~2000	2001~2010	1981~2010	1961~2012
轻度	0.79	1.21	3.15	0.24	−0.18	−1.08	−1.37
中度	−0.12	−0.55	−0.55	−1.45	0	−0.47	−0.57
重度	2.73	0.67	−0.06	0	−1.21	−0.18	−0.30
总和	3.40	1.33	2.54	−1.21	−1.39	−1.73	−2.24

1961~2012 年东北地区春玉米苗期霜冻害变化趋势如图 9 所示，辽宁西北部、吉林西南部和北部局部春玉米苗期霜冻害呈增多趋势，增幅低于

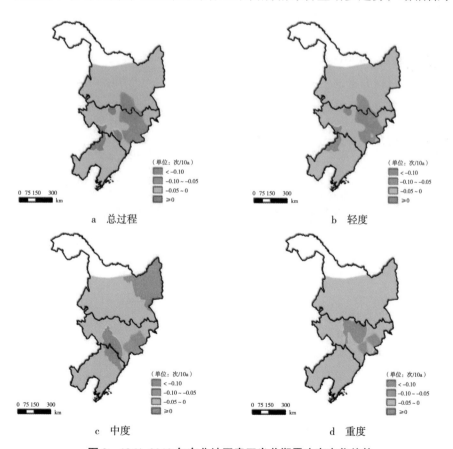

图9　1961~2012 年东北地区春玉米苗期霜冻害变化趋势

0.01 次 /10a；其他地区呈减少趋势，其中黑龙江南部、吉林东南部减幅为
0.05~0.84 次 /10a。轻度霜冻害变化趋势如图 9b 所示，辽宁西北部、吉林西
南部和北部呈增多趋势，增幅低于 0.01 次 /10a；其他地区呈减少趋势，其中
吉林东南部减幅为 0.10~0.43 次 /10a。中度霜冻害变化趋势如图 9c 所示，黑
龙江东部、吉林南部、辽宁东北部呈增多趋势，增幅低于 0.01 次 /10a；其
他地区呈减少趋势，其中吉林东部局部减幅为 0.10~0.27 次 /10a。重度霜冻
害变化趋势如图 9d 所示，吉林中部、东南局部呈增多趋势，增幅低于 0.02
次 /10a；其他地区呈减少趋势，其中吉林东南局部减幅为 0.10~0.17 次 /10a。

（二）东北地区春玉米乳熟期霜冻害

1961~2012 年东北地区春玉米乳熟期霜冻害发生频次如表 7 所示。
1981~2010 年、1961~2012 年霜冻害以轻度居多，中度其次，重度最少。春
玉米乳熟期霜冻害发生总频次以 1961~1970 年最多，2001~2010 年最少。春
玉米乳熟期轻度、中度、重度霜冻害均以 1961~1970 年最多。

表 7　东北地区春玉米乳熟期霜冻害发生频次

单位：站次

年份 灾害等级	1961~1970	1971~1980	1981~1990	1991~2000	2001~2010	1981~2010	1961~2012
轻度	105	74	50	42	41	133	320
中度	68	49	36	31	22	89	210
重度	41	22	6	9	7	22	88
总和	214	145	92	82	70	244	618

1961~2012 年东北地区春玉米乳熟期霜冻害总体呈北部多、南部少的分
布格局。春玉米乳熟期霜冻害多发于黑龙江西北部和东南部、吉林东北部和南
部，其中黑龙江西北部和东南局部、吉林东北局部发生频次为 48~83 次，平均
每 10a 发生 10~17 次（见图 10a）；黑龙江中北部和西部局部、吉林南部局部
为 36~48 次，平均每 10a 发生 7~10 次；黑龙江西部局部、吉林东南部局部为

24~36 次，平均每 10a 发生 5~7 次；黑龙江南部和东北部、吉林和辽宁大部发生频次较少，不到 24 次，平均每 10a 不到 5 次。轻度霜冻害多发于黑龙江西北部局部，发生频次为 36~46 次，平均每 10a 发生 7~9 次（见图 10b）；黑龙江东南部和吉林东北部局部为 24~36 次，平均每 10a 发生 5~7 次；黑龙江大部、吉林大部、辽宁大部不到 24 次，平均每 10a 不到 5 次。中度霜冻害多发于黑龙江东南部和吉林东北部局部，发生频次可达 24~29 次，平均每 10a 发生 5~6 次（见图 10c）；黑龙江中西部和吉林南部局部为 12~24 次，平均每 10a 发生 2~5 次；辽宁大部、吉林大部、黑龙江南部和东北大部不到 10 次，平均每 10a 不到 2 次。重度霜冻害多发于黑龙江西部局部，发生频次为 12~16 次，平均每 10a 发生 2~3 次（见图 10d）；其他大部分地区不到 12 次，平均每 10a 不到 2 次。

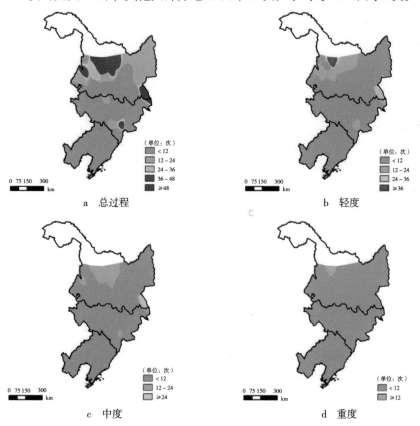

图 10 1961~2012 年东北地区春玉米乳熟期霜冻害发生频次

117

1961~2010 年东北地区春玉米乳熟期霜冻害发生频次分布如图 11 所示，各时段总体呈北部多、南部少的分布格局。1961~1970 年，黑龙江西部局部春玉米乳熟期霜冻害发生频次为 20~23 次，黑龙江中部和东南部局部、吉林东南局部部为 15~20 次，其他地区不到 15 次（见图 11a）；1971~1980 年，黑龙江西部局部和东南部局部、吉林东北部局部发生频次为 10~18 次，其他地区不到 10 次（见图 11b）；1981~1990 年，黑龙江东南部局部发生频次为 15~18 次，黑龙江西部局部、吉林东北部局部为 10~15 次，其他地区不到 10 次（见图 11c）；1991~2000 年，黑龙江西部局部发生频次为 15~18 次，黑龙江中部和东南部局部、吉林东北部局部为 10~15 次，其他地区不到 10 次（见图 11d）；2001~2010 年黑龙江中西部发生频次为 5~12 次，其他地区少于 5 次（见图 11e）。1981~2010 年，黑龙江西部局部地区春玉米乳熟期霜冻害发生频次为 36~44 次，黑龙江中部和东南部局部、吉林东北部局部春玉米乳熟期霜冻害发生频次为 24~36 次，其他大部分地区不到 24 次（见图 11f）。

1961~2012 年东北地区春玉米乳熟期霜冻害变化趋势如表 8 所示。1961~2012 年和 1981~2010 年春玉米乳熟期霜冻害呈减少趋势；轻度、中度、重度霜冻害均呈减少趋势，其中 1961~2012 年轻度霜冻害减幅最大，1981~2010 年中度霜冻害减幅最大。春玉米乳熟期霜冻害发生总频次在 1961~1970 年、1971~1980 年、1991~2000 年呈增多趋势，其中 1971~1980 年增幅最大。春玉米乳熟期轻度、中度、重度霜冻害在 1961~1970 年、1971~1980 年、1991~2000 年均呈增多趋势，其中轻度、中度霜冻害在 1971~1980 年增幅最大，重度霜冻害在 1961~1970 年增幅最大；其他各时段各灾害等级霜冻害均呈减少趋势。

表 8   东北地区春玉米乳熟期霜冻害变化趋势

单位：站次 /10a

年份 灾害等级	1961~1970	1971~1980	1981~1990	1991~2000	2001~2010	1981~2010	1961~2012
轻度	6.61	13.21	−4.12	0.12	−2.36	−0.63	−1.37
中度	3.03	8.30	−4.12	2.61	−0.85	−0.71	−0.97
重度	4.55	3.64	−2.06	0.67	−0.79	−0.04	−0.66
总和	14.18	25.15	−10.30	3.39	−4	−1.38	−3

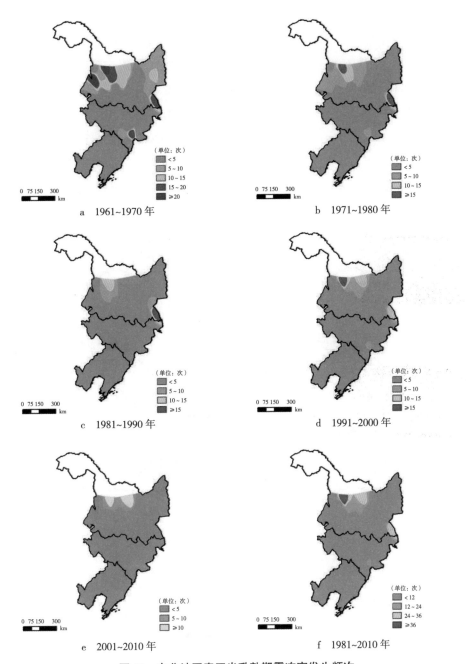

图 11 东北地区春玉米乳熟期霜冻害发生频次

1961~2012 年东北地区春玉米乳熟期霜冻害变化趋势空间分布如图 12 所示，黑龙江中部春玉米乳熟期霜冻害呈增多趋势，其中黑龙江中东部局部增幅为 0.05~0.06 次 /10a；其他地区呈减少趋势，其中黑龙江东部和西部、吉林东北部和东南部减幅为 0.10~0.43 次 /10a。轻度霜冻害变化趋势如图 12b 所示，黑龙江南部和东北部、吉林西部呈增多趋势，其中黑龙江中部局部增幅为 0.05~0.09 次 /10a；其他地区呈减少趋势，其中黑龙江西部和东部、吉林东部局部减幅为 0.10~0.22 次 /10a。中度霜冻害变化趋势如图 12c 所示，黑龙江东部和西部局部呈增多趋势，增幅低于 0.03 次 /10a；其他地区呈减少趋

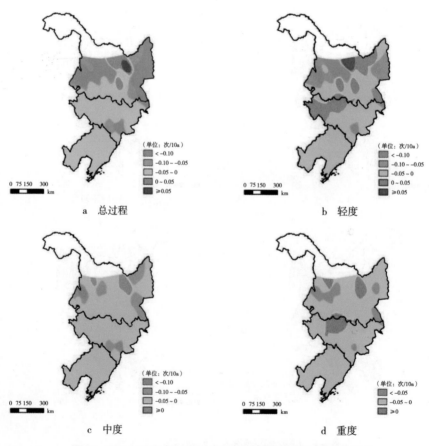

图 12　1961~2012 年东北地区春玉米乳熟期霜冻害变化趋势

势，其中黑龙江西部、吉林东南部减幅为0.10~0.13次/10a。重度霜冻害变化趋势如图12d所示，吉林北部及黑龙江东部、西部和南部局部地区呈增多趋势，增幅低于0.04次/10a；其他地区呈减少趋势，其中黑龙江东部和西部、吉林东部局部减幅为0.05~0.09次/10a。

B.8 玉米气象灾损评估

春玉米与夏玉米在我国大部分省份都有种植，但历年统计粮食产量时并没有区分春玉米和夏玉米。为区分春玉米与夏玉米的气象灾损，在此分别评估春玉米与夏玉米主产省份的气象灾损以及作为整体的玉米气象灾损。

一 趋势产量和气象产量

（一）国家尺度

1981~2012 年年均玉米趋势产量为 4296 kg/ha。全国单位面积玉米趋势产量呈显著增加趋势（见图 1）。玉米趋势产量由 1981 年的 2784 kg/ha 逐渐增加到 2012 年的 5477 kg/ha，增加了 96.7%，几乎翻了一番。1981~2012 年全国玉米趋势产量平均增产率为 86.9 kg·ha^{-1}·a^{-1}，反映了种植技术提高显

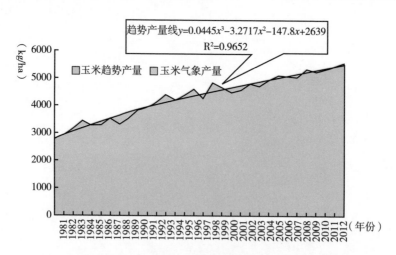

趋势产量线 $y=0.0445x^3-3.2717x^2-147.8x+2639$
$R^2=0.9652$

图 1 1981~2012 年全国玉米趋势产量和气象产量的变化特征

著促进了玉米产量的提高。

玉米气象产量存在显著的年际波动。1981~2012 年玉米气象产量的波动范围为 –334~319 kg/ha，歉收年最大减产量为 334 kg/ha，丰产年最大增产量为 319 kg/ha。玉米气象产量的显著年际波动反映了气候波动对全国玉米总产量影响明显。

玉米气象产量占趋势产量的比例是衡量玉米灾损风险的重要指标之一。气象产量所占比例越小，粮食产量越稳定，灾损风险越小。在国家尺度上，玉米气象产量占趋势产量的比例一般不超过 9.2%，表明过去 32 年间气候波动对全国玉米单产的影响程度最大不超过 9.2%。

（二）省级尺度

1981~2012 年几乎所有种植玉米的省份的趋势产量都出现了不同程度的提升。1981 年各省份平均的趋势产量为 2600 kg/ha；2012 年各省份平均的趋势产量达 5400 kg/ha，已经翻了一番。20 世纪 80 年代至 90 年代，各省份玉米趋势产量呈现快速上升趋势；90 年代后，除个别省份趋势产量提升缓慢外，大部分省份的玉米趋势产量仍保持强劲的上升势头（见图 2）。

全国各省份玉米趋势产量空间分布具有明显的特点：北方各省的玉米趋势产量普遍高于南方各省。北方各省是玉米主产区，尤其是东北地区和华北地区，玉米趋势产量普遍较高，1981~2012 年的平均趋势产量为 4200~5400 kg/ha；南方各省的玉米趋势产量普遍较低，1981~2012 年的平均趋势产量为 2600~4000 kg/ha。北方各省作为我国玉米主产区，其较高的趋势产量是保障我国粮食安全的重要基础。

1981~2012 年，全国各省份的玉米气象产量波动幅度差异较大。其中，青海、吉林和辽宁的玉米气象产量波动幅度较大，分别达 3534 kg/ha、3355 kg/ha 和 3201 kg/ha；玉米最大减产量（最低气象产量）分别达 2022 kg/ha、1649 kg/ha 和 1857 kg/ha，反映了玉米产量受气候波动影响显著，存在较大的灾损风险（见图 3、表 1）。

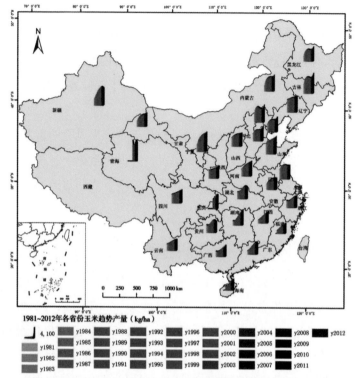

图2 1981~2012年各省份玉米趋势产量的动态变化（kg/ha）

1981~2012年，云南、福建等省份的玉米最大减产量和最大波动幅度都较小。云南、福建的玉米最大减产量（最低气象产量）分别为308 kg/ha和

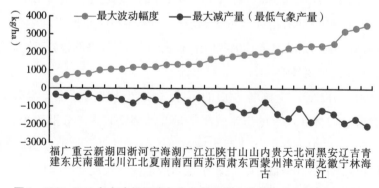

图3 1981~2012年各省份玉米气象产量的最大波动幅度和最大减产量

333 kg/ha；气象产量波动幅度分别为 820 kg/ha 和 503 kg/ha，反映了玉米产量较为稳定，气象灾损风险相对较低（见图3、表1）。

表1　1981~2012 年各省份玉米气象产量及其波动幅度

单位：kg/ha

省份	气象产量波动幅度	最大减产量 （最低气象产量）	最大增产量 （最高气象产量）
云南	820	308	513
福建	503	333	170
湖南	1353	374	979
河北	1208	406	802
广东	750	418	331
重庆	818	445	374
江西	1376	472	904
湖北	1081	494	587
新疆	1022	526	496
四川	1084	600	484
宁夏	1216	612	604
内蒙古	1966	722	1244
广西	1357	764	593
浙江	1194	788	406
海南	1340	846	494
陕西	1721	897	824
甘肃	1801	978	824
江苏	1635	1025	610
北京	2376	1038	1338
山西	1930	1173	756
黑龙江	2393	1174	1219
山东	1892	1296	596
贵州	2060	1355	706
安徽	2503	1374	1129
天津	2265	1624	642

续表

省份	气象产量波动幅度	最大减产量 （最低气象产量）	最大增产量 （最高气象产量）
吉林	3355	1649	1707
河南	2389	1820	569
辽宁	3201	1857	1343
青海	3534	2022	1512

（三）春玉米与夏玉米主产区

1. 趋势产量

无论是春玉米主产区（黑、吉、辽）还是夏玉米主产区（冀、鲁、豫），1981~2012年期间的玉米趋势产量都呈现显著的增加趋势（见图4）。

春玉米主产区的趋势产量由1981年的3487kg/ha增加到2012年的6423kg/ha，平均增产率为95kg·ha^{-1}·a^{-1}。

夏玉米主产区的趋势产量由1981年的3112kg/ha增加到2012年的5997kg/ha，1981~2012年夏玉米趋势产量的平均增产率为93kg·ha^{-1}·a^{-1}。

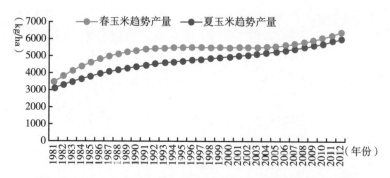

图4　1981~2012年春玉米与夏玉米主产区的趋势产量动态变化

2. 气象产量

无论是春玉米主产区还是夏玉米主产区，玉米的气象产量都呈现显著的波动趋势，且春玉米主产区气象产量的波动幅度明显大于夏玉米，反映了春玉米遭受的气象灾损风险大于夏玉米（见图5）。1981~2012年，春玉

米气象产量的波动幅度为 –1305~1039 kg/ha；夏玉米气象产量的波动幅度为
–667~542 kg/ha。

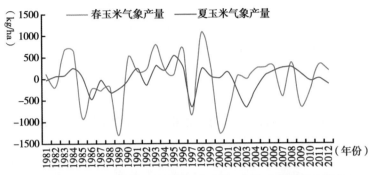

图5 1981~2012年春玉米与夏玉米主产区气象产量的动态变化

二 气象灾损评估

（一）国家尺度

玉米气象灾损指气象因素导致玉米产量降低，即气象产量为负值的年份
的气象产量。在国家尺度上，1981~2012年全国玉米气象产量为负值的有17年，
平均气象产量为 –102 kg/ha，最大气象减产量为324 kg/ha。1981~2012年玉米
气象产量为正值的有15年，平均气象产量为115 kg/ha（见图6）。1981~2012
年玉米气象产量减产总量为3932万吨，年均灾损量达231万吨。

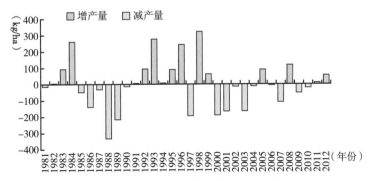

图6 1981~2012年全国玉米气象增产量和气象减产量

（二）省级尺度

1981~2012 年，各省份玉米单位面积气象灾损量为 96.2~739.6kg/ha，平均灾损量为 321kg/ha。其中，辽宁和青海的玉米灾损量较大，分别达 739.6kg/ha 和 739.0kg/ha；福建和新疆的玉米灾损量较小，分别为 96.2kg/ha 和 146.8kg/ha（见表 2）。

表 2 1981~2012 年各省份玉米减产总量、单位面积减产量和最大减产量

省份	减产总量（万吨）	单位面积减产量（kg/ha）	单位面积最大减产量（kg/ha）	省份	减产总量（万吨）	单位面积减产量（kg/ha）	单位面积最大减产量（kg/ha）
吉林	2008.9	551.8	1648.8	广西	157.7	194.2	764.1
辽宁	1550.1	739.6	1857.2	新疆	135.6	146.8	526.4
黑龙江	1471.0	538.0	1173.8	北京	119.3	498.8	1038.4
河南	1198.5	399.0	1819.9	湖北	118.9	192.7	494.1
山东	1040.3	276.4	1295.8	天津	94.2	602.0	1623.9
河北	858.3	205.0	406.0	重庆	60.6	179.0	444.7
内蒙古	576.1	367.7	721.9	湖南	59.9	175.9	374.1
四川	525.7	214.8	599.7	宁夏	38.3	226.8	611.9
山西	498.9	425.2	1173.3	广东	23.5	184.5	418.4
陕西	397.0	251.4	897.3	浙江	14.1	183.4	788.4
安徽	344.0	386.4	1373.5	江西	9.3	261.4	472.0
云南	326.7	182.5	307.7	海南	3.5	161.6	846.3
贵州	308.1	276.8	1354.7	福建	3.1	96.2	333.4
甘肃	214.8	317.7	977.7	青海	2.0	739.0	2021.7
江苏	188.9	336.4	1025.4				

1981~2012 年，秦岭 - 淮河以北省份的玉米灾损量较大。青海、黑龙江、吉林和辽宁等省份的单位面积灾损量为 538.0~739.6kg/ha，单位面积最大灾损量为 1173.8~2021.7kg/ha。秦岭 - 淮河以南省份的玉米单位面积灾

损量较小。福建、新疆、海南、湖南等省份的单位面积灾损量为96.2~175.9kg/ha，单位面积最大灾损量为333.4~846.3kg/ha（见图7）。

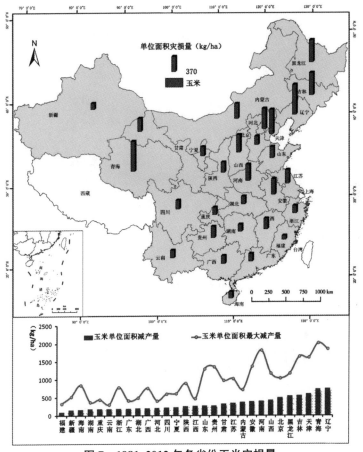

图7 1981~2012年各省份玉米灾损量

1981~2012年，吉林、辽宁、黑龙江、山东、河南、河北6省的玉米灾损总量达8127万吨，占全国玉米灾损总量的66%。其中，吉林和辽宁的玉米灾损量最大，分别达2009万吨和1550万吨（见图8）。秦岭－淮河以北各省是中国玉米主产区，1981~2012年玉米灾损总量非常大，约占全国玉米灾损总量的85%。秦岭－淮河以南各省的玉米种植面积较小，1981~2012年玉米灾损总量仅占全国玉米灾损总量的15%。

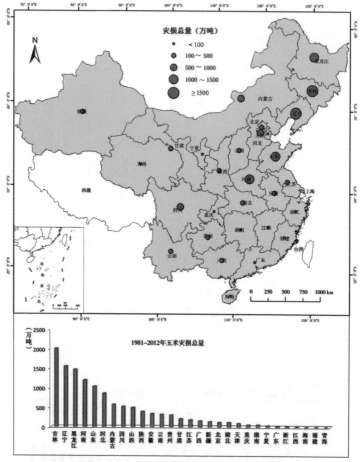

图8　1981~2012年各省份玉米灾损总量

（三）春玉米与夏玉米主产区

1981~2012年，春玉米主产区灾年年均减产量为561kg/ha，夏玉米主产区灾年年均减产量为245kg/ha。1981~2012年，春玉米主产区最大减产量达1305kg/ha；夏玉米主产区最大减产量为666kg/ha。无论是平均减产量还是最大减产量，春玉米主产区都明显高于夏玉米主产区（见图9），反映了春玉米受气象灾害的影响较大。

从玉米灾损总量看，春玉米主产区（黑、吉、辽）和夏玉米主产区

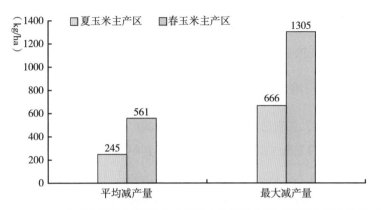

图9　1981~2012年春玉米和夏玉米主产区的灾年平均气象减产量和最大气象减产量

（冀、鲁、豫）都是灾损总量较大的区域。1981~2012年，春玉米主产区灾损总量为4425万吨；夏玉米主产区灾损总量为2205万吨，反映了春玉米主产区较夏玉米主产区面临更大的气象灾害风险。

三　灾年气象减产率

（一）国家尺度

在国家尺度上，由于各地丰歉相抵，平均气象减产率较低。1981~2012年玉米灾年平均气象减产率为2.5%，灾年最大减产率不超过9.2%。玉米丰年平均气象增产率为2.8%，最大增产率为8.1%，略小于最大减产率（见图10）。

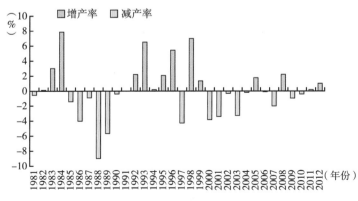

图10　1981~2012年全国玉米气象减产率和增产率

在国家尺度上，玉米灾年平均减产率出现降低趋势，尤其是在 2000 年之后平均气象减产率出现较明显的降低趋势。

（二）省级尺度

1981~2012 年，各省份灾年玉米平均气象减产率为 7.5%（见图 11），远远大于全国尺度上的玉米气象减产率（2.5%）。其中辽宁、天津和黑龙江的灾年玉米气象减产率较大，1981~2012 年灾年平均气象减产率分别为 13.4%、13.3% 和 12.7%，其最大减产率分别为 32.4%、34.2% 和 27.5%。新疆、重庆和宁夏的玉米气象减产率相对较低，1981~2012 年灾年平均气象减产率分别为 2.5%、3.6% 和 4.2%，其最大减产率仅为 7.5%、8.9% 和 12%（见表 3）。灾年气象减产率表明，辽宁、天津和黑龙江的玉米存在较大的气象灾损风险。

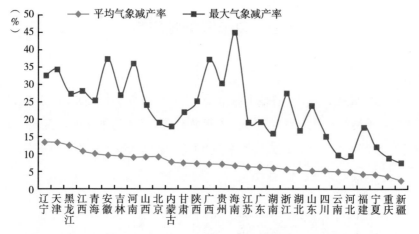

图 11　1981~2012 年全国各省份灾年玉米平均气象减产率和最大气象减产率

表 3　1981~2012 年各省份灾年玉米平均气象减产率和最大气象减产率

单位：%

省份	平均气象减产率	最大气象减产率	省份	平均气象减产率	最大气象减产率
辽宁	13.4	32.4	海南	6.9	45.0
天津	13.3	34.2	江苏	6.4	19.0

续表

省份	平均气象减产率	最大气象减产率	省份	平均气象减产率	最大气象减产率
黑龙江	12.7	27.5	广东	6.3	19.5
江西	10.9	28.1	湖南	6.1	15.9
青海	10.2	25.8	浙江	5.7	27.7
安徽	9.8	37.3	湖北	5.4	16.9
吉林	9.3	26.7	山东	5.3	23.5
河南	9.3	36.2	四川	5.3	15.2
山西	9.2	24.1	云南	5.1	9.7
北京	9.2	19.2	河北	4.8	9.5
内蒙古	7.8	18.1	福建	4.4	17.8
甘肃	7.5	22.2	宁夏	4.2	12.0
陕西	7.4	25.3	重庆	3.6	8.9
广西	7.3	37.3	新疆	2.5	7.5
贵州	7.2	30.5	平均	7.5	23.2

（三）春玉米与夏玉米主产区

1981~2012 年春玉米主产区（黑、吉、辽）灾年平均气象减产率为 10.7%，灾年最大气象减产率为 25%。夏玉米主产区（冀、鲁、豫）灾年平均气象减产率为 5.3%，灾年最大气象减产率为 13.5%（见图 12）。与夏玉米主产区相比，春玉米主产区的灾年平均气象减产率和灾年最大气象减产率都较高。气象减产率越高表示气象灾损风险越大。春玉米、夏玉米主产区的灾

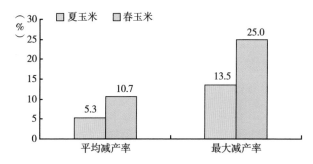

图 12　1981~2012 年春玉米与夏玉米主产区的平均气象减产率和最大气象减产率

年减产率表明，春玉米主产区的气象灾损风险显著大于夏玉米主产区的气象灾损风险。

四　气象灾损风险评估

（一）国家尺度

在国家尺度上，1981~2012年全国玉米灾损综合风险指数为0.16（见表4）。与省级尺度相比，国家尺度上各省份玉米丰歉相抵，导致灾年平均减产率、产量变异系数和灾损风险指数往往较低，因此灾损综合风险指数也较低，反映了国家尺度上的玉米产量较为稳定。

（二）省级尺度

在省级尺度上，1981~2012年绝大部分省份的玉米灾损综合风险指数为0.19~0.95（见图13）。其中，江西和黑龙江的灾损综合风险指数相对较大，分别为0.95和0.85。重庆、新疆的灾损综合风险指数相对较小，分别为0.19和0.27（见表4）。因此，在省级尺度上江西和黑龙江的玉米灾损综合风险较大。

1981~2012年，春玉米主产区（黑、吉、辽）三省平均的灾损综合风险指数为0.75，夏玉米主产区（冀、鲁、豫）三省平均的灾损综合风险指数为0.41，表明春玉米主产区比夏玉米主产区面临更大的气象灾损综合风险。

表4　1981~2012年各省份玉米灾损综合风险指数及相关指标

省份	灾年平均减产率（%）	产量变异系数	灾损风险指数	灾损综合风险指数
江西	10.88	0.39	0.11	0.95
黑龙江	12.72	0.22	0.11	0.85
辽宁	13.44	0.16	0.11	0.80
安徽	9.81	0.22	0.11	0.74
湖南	6.12	0.43	0.08	0.72
天津	13.31	0.18	0.08	0.68

续表

省份	灾年平均减产率（%）	产量变异系数	灾损风险指数	灾损综合风险指数
海南	6.86	0.31	0.09	0.65
河南	9.29	0.23	0.08	0.62
青海	10.20	0.15	0.09	0.62
吉林	9.35	0.18	0.09	0.61
广西	7.26	0.29	0.07	0.60
内蒙古	7.76	0.24	0.07	0.55
广东	6.29	0.34	0.05	0.52
北京	9.21	0.15	0.07	0.51
山西	9.24	0.14	0.07	0.51
陕西	7.37	0.19	0.08	0.51
贵州	7.21	0.22	0.07	0.50
甘肃	7.47	0.21	0.07	0.49
浙江	5.74	0.21	0.06	0.41
福建	4.36	0.32	0.04	0.41
湖北	5.43	0.24	0.05	0.40
宁夏	4.23	0.26	0.04	0.35
山东	5.33	0.17	0.05	0.32
云南	5.11	0.19	0.05	0.31
四川	5.31	0.14	0.05	0.29
江苏	6.37	0.11	0.05	0.29
河北	4.81	0.15	0.05	0.28
新疆	2.53	0.29	0.03	0.27
重庆	3.59	0.15	0.04	0.19
全国	2.48	0.19	0.03	0.16

综上所述，1981~2012 年全国玉米灾年平均减产率呈下降趋势，玉米气象减产率为 2.48%。春玉米主产区（黑、吉、辽）气象产量的波动幅度和灾年平均减产量明显大于夏玉米主产区（冀、鲁、豫），春玉米主产区灾年平均气象减产率（10.7%）明显大于夏玉米（5.3%）。灾年玉米单位面积减产量较高的省份是辽宁和青海，吉林和辽宁的玉米减产总量最大，辽

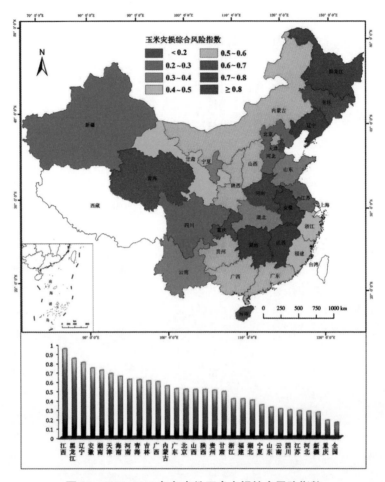

图13 1981~2012年各省份玉米灾损综合风险指数

宁、天津和黑龙江的灾年玉米气象减产率较大。北方的黑龙江、吉林、辽宁、青海以及南方的江西、安徽、湖南、广东等地是玉米气象灾损风险较高的地区。

对比春玉米主产区和夏玉米主产区，春玉米主产区气象产量的波动幅度和灾年平均减产量明显大于夏玉米主产区。1981~2012年春玉米主产区的灾损总量4425万吨和平均的灾年气象减产率10.7%均远大于夏玉米主产区的2205万吨和5.3%。春玉米主产区平均的灾损综合风险指数为0.75，也远大于夏玉米主产区的 0.41。因此，与夏玉米相比，春玉米气象灾损风险更大。玉米灾损风险较高的区域主要是北方的黑龙江、吉林和辽宁以及南方的江西、安徽和湖南。东北地区春玉米风险较大，主要是受干旱和低温冷害的影响；长江中下游地区的玉米风险主要来自高温伏旱；青海玉米风险较大与海拔高热量不足有关；秋冬季种植的海南玉米受冬季干旱影响较大，气象灾损风险较大；河南与皖北地处夏玉米主产区南部，洪涝与病害重于北部夏玉米主产区，同时其灾损风险较大还与"重夏轻秋"的传统有关。夏玉米主产区大多雨热同季，干旱较轻，灾损风险较小；新疆和宁夏主要依靠灌溉，其灾损风险也较小；四川和云南的干旱主要发生在冬春两季，玉米生育期间春夏两季的干旱影响不太严重。

国家统计局中国经济普查数据网站 1981~2010 年各省份年度灾情数据（旱灾、涝灾、风雹和冷害的受灾面积）表明，春玉米主产区（黑、吉、辽）主要气象灾害类型是旱灾，受灾面积占 4 种气象灾害受灾面积的 59%；其次是涝灾，受灾面积占 27%；风雹受灾面积占 8%。尽管春玉米主产区比较寒冷，但是冷害致灾面积仅占总受灾面积的 6%（见图 14）。

夏玉米主产区的主要气象灾害也是旱灾，受灾面积占 4 种气象灾害面积的 64%；其次是涝灾，受灾面积占 17%；风雹受灾面积占 13%；冷害受灾面

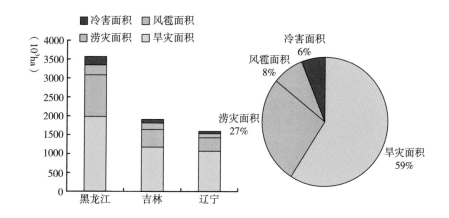

图 14　1981~2010 年春玉米主产区平均受灾面积和主要气象灾害的受灾面积比例

积占 6%（见图 15）。

需要指出的是，旱灾、涝灾、风雹和冷害的受灾面积是指全年所有作物的受灾面积。春玉米生长季和夏玉米生长季的受灾面积以及各种灾害的面积比例并不明确，在此只能大致推测旱灾和涝灾是玉米灾损的主要致灾因子。

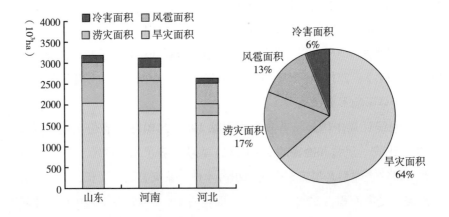

图 15　1981~2010 年夏玉米主产区平均受灾面积和主要气象灾害的受灾面积比例

冬小麦气象灾损评估

东北三省（黑、吉、辽）、内蒙古、青海等省份冬季气候多严寒，除辽宁南部小面积外都无法种植冬小麦。福建、广东、海南等省份缺少小麦"春化"过程所需的寒冷时期，可以种植春性品种，但由于气温过高，生育期太短，冬小麦产量很低，极少种植。因此，冬小麦气象灾损评估不包括上述省份。

一 趋势产量和气象产量

（一）国家尺度

在国家尺度上，1981~2012 年的年均冬小麦趋势产量为 3237kg/ha。全国单位面积冬小麦趋势产量呈显著增加趋势（见图1）。冬小麦趋势产量由 1981 年的 2087kg/ha 逐渐增加到 2012 年的 4056kg/ha，增加了 94%，几乎翻了一番。1981~2012 年全国冬小麦趋势产量的平均增产率为 63.5 kg·ha^{-1}·a^{-1}。

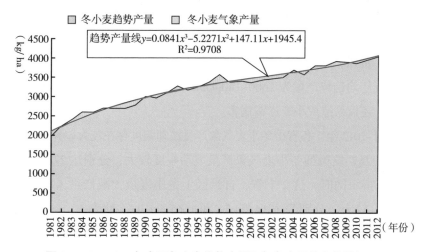

图1 1981~2012 年全国冬小麦趋势产量和气象产量的变化特征

在国家尺度上，全国冬小麦气象产量存在较为显著的年际波动。1981~2012 年冬小麦气象产量的波动范围为 −140~238 kg/ha，最大波动幅度为 378 kg/ha。歉收年最大减产量为 140 kg/ha，丰产年最大增产量为 238 kg/ha。

在国家尺度上，1981~2012 年各年冬小麦气象产量占趋势产量的比例一般不超过 7.1%，表明过去 32 年间气候波动对全国冬小麦总产量的影响程度最大不超过 7.1%。与玉米相比（气象产量占趋势产量的比例最大达9.2%），冬小麦气象产量占趋势产量的比例较低，反映了冬小麦总产量相对稳定。

（二）省级尺度

除云南、贵州外，1981~2012 年多数省份的冬小麦趋势产量都出现了大幅提升。1981 年各省份平均的趋势产量为 2140 kg/ha；2012 年各省份平均的趋势产量达 4000 kg/ha。20 世纪 80 年代和 90 年代是各省份冬小麦趋势产量快速提升期。20 世纪 90 年代以后，除个别省份的趋势产量提升缓慢或下降外，大部分省份的冬小麦趋势产量仍保持强劲的上升势头（见图 2）。

冬小麦趋势产量具有明显的空间分布特点。黄淮海地区（包括河北、河南、山东、江苏和安徽北部）以及新疆、西藏的冬小麦趋势产量普遍较高，1981~2012 年的冬小麦年均趋势产量一般为 3700~4800kg/ha。南方地区（包括云南、贵州、湖北、湖南等）的冬小麦趋势产量相对较低，1981~2012 年的冬小麦年均趋势产量为 1600~1800kg/ha，这是因为南方湿热气候不利于小麦灌浆，还极易造成小麦赤霉病害。

1981~2012 年，各省份冬小麦气象产量波动幅度存在较大差异（见图 3）。其中，宁夏、安徽的冬小麦气象产量波动幅度较大，分别达 2780.6kg/ha 和2665.5kg/ha。同时，这 2 个省（自治区）冬小麦最大减产量（即最低气象产量）也较大，分别为 1014.7kg/ha 和 1665.6kg/ha（见表 1）。这表明，宁夏、安徽的冬小麦产量受气象要素影响显著，存在较大的灾损风险（见图 3）。

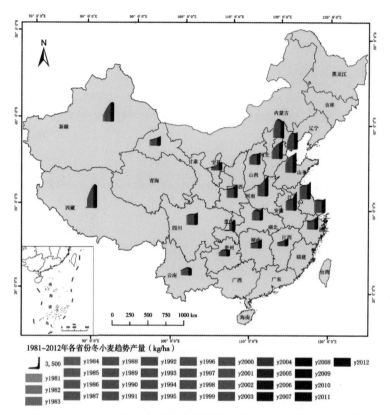

图2 1981~2012年各省份冬小麦趋势产量的动态变化（kg/ha）

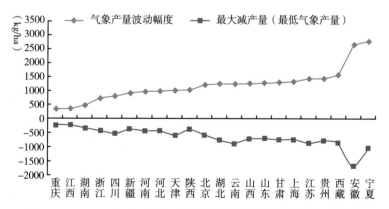

图3 1981~2012年各省份冬小麦气象产量波动幅度和最大减产量

1981~2012 年，重庆和江西的冬小麦气象产量波动幅度和最大减产量都较小，冬小麦气象产量的波动幅度分别为 372.2kg/ha 和 389.7kg/ha，最大减产量均为 201.8kg/ha，低于全国其他省份（见表 1）。

表 1　1981~2012 年各省份冬小麦气象产量及其波动幅度

单位：kg/ha

省份	气象产量波动幅度	最大减产量 （最低气象产量）	最大增产量 （最高气象产量）
重庆	372.2	201.8	170.4
江西	389.7	201.8	188.0
湖南	498.4	308.0	190.4
浙江	767.4	412.6	354.8
四川	833.4	505.1	328.3
新疆	940.8	349.4	591.3
河南	994.9	423.6	571.3
河北	1000.7	412.7	588.0
天津	1031.6	569.4	462.2
陕西	1042.0	363.0	679.0
北京	1228.4	564.8	663.6
湖北	1264.5	739.5	525.0
云南	1279.0	850.6	428.4
山西	1288.0	686.0	602.0
山东	1306.1	676.0	630.1
甘肃	1315.9	725.9	590.0
上海	1349.5	717.3	632.3
江苏	1458.6	839.8	618.7
贵州	1472.7	753.9	718.8
西藏	1580.0	864.9	715.1
安徽	2665.5	1665.6	1000.0
宁夏	2780.6	1014.7	1765.8

二　气象灾损评估

（一）国家尺度

冬小麦气象灾损指气象灾害导致的冬小麦减产量。在国家尺度上，1981~2012 年期间有 16 年发生冬小麦减产，年均减产量为 77 kg/ha，最大减产量为 140 kg/ha；有 16 年发生增产，年均增产量为 76.9 kg/ha（见图 4）。1981~2012 年全国冬小麦气象减产总量达 2992.8 万吨。1981 年、1988 年、1994 年、2000 年、2005 年、2010~2012 年北方越冬冻害造成小麦死苗较多，且干旱也较重，造成小麦减产；而 1987 年、1989 年、1999~2002 年干旱，1988 年、1991 年、2003 年小麦灌浆期高温或雨后枯熟粒重下降，1998 年春雨过多、病害严重导致小麦减产。20 世纪 80 年代中期和 21 世纪初的小麦减产也与种植结构调整和低温影响有一定关系。

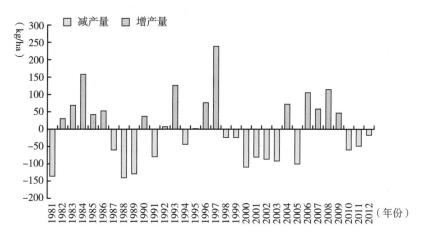

图 4　1981~2012 年全国冬小麦单产变化量

（二）省级尺度

1981~2012 年全国各省份气象灾害发生年的冬小麦单位面积减产量为 67.8~387.2 kg/ha，各省份平均的灾年减产量为 201 kg/ha。其中，安徽和宁夏气象灾害发生年的冬小麦单位面积减产量较多，分别达 387.2kg/ha 和 344.2kg/ha；江西和重庆气象灾害发生年的冬小麦单位面积减产量较少，分别为 67.8kg/ha 和 74.6kg/ha（见图 5、表 2）。

冬小麦气象灾损具有明显的空间分布特征。1981~2012 年，安徽、宁夏和西藏等省份的冬小麦单位面积减产量相对较大，达 294.7~387.2kg/ha，单位面积最大减产量达 864.9~1665.6kg/ha；江西、重庆、湖南等省份的冬小麦单位面积减产量为 67.8~104.0kg/ha，相对较小，单位面积最大减产量为

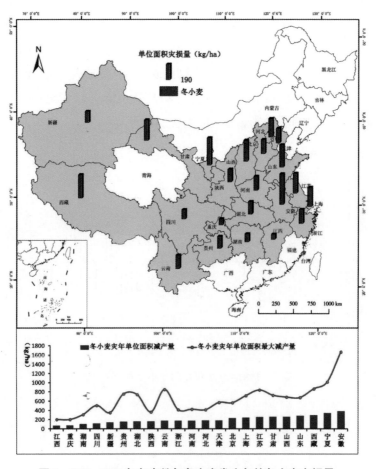

图 5　1981~2012 年各省份气象灾害发生年的冬小麦灾损量

201.8~308.0kg/ha（见图5、表2）。

1981~2012年，北方冬麦区（河南、河北、山东、安徽、江苏）种植面积较大，气象灾害造成的灾损总量也较大，约占全国各省份冬小麦灾损总量的68%。其中，河南和山东的冬小麦灾损最大，分别达1417.6万吨和1256.4万吨。其他省份的冬小麦种植面积较小，冬小麦灾损总量也较小（见图6、表2）。

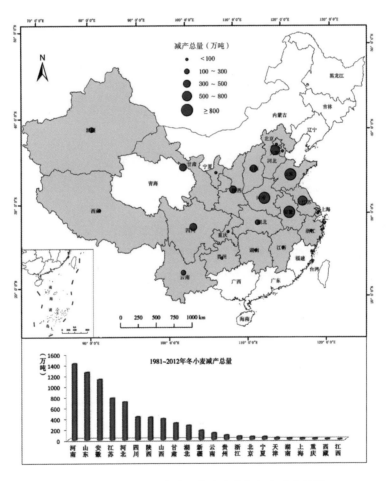

图6　1981~2012年各省份冬小麦灾年气象减产总量

表2　1981~2012年各省份冬小麦气象减产总量、单位面积减产量和最大减产量

省份	减产总量（万吨）	单位面积减产量（kg/ha）	单位面积最大减产量（kg/ha）	省份	减产总量（万吨）	单位面积减产量（kg/ha）	单位面积最大减产量（kg/ha）
河南	1417.6	177.2	423.6	云南	122.2	172.9	850.6
山东	1256.4	283.5	676.0	贵州	80.3	151.5	753.9
安徽	1124.6	387.2	1665.6	浙江	59.8	175.7	412.6
江苏	776.9	251.6	839.8	北京	49.6	232.3	564.8
河北	703.5	178.9	412.7	宁夏	48.1	344.2	1014.7
四川	422.6	117.7	505.1	天津	33.1	183.2	569.4
陕西	415.5	161.8	363.0	湖南	23.9	104.0	308.0
山西	390.2	264.5	686.0	上海	23.2	240.6	717.3
甘肃	306.2	260.0	725.9	重庆	21.5	74.6	201.8
湖北	262.2	159.5	739.5	西藏	13.6	294.7	864.9
新疆	168.9	140.0	349.4	江西	6.3	67.8	201.8

三　灾年气象减产率

（一）国家尺度

在国家尺度上，1981~2012年气象灾害造成的冬小麦年均灾损率，即年均气象减产率达2.3%，灾年最大减产率不超过6.5%。冬小麦丰年的年均气象增产率为2.6%，最大增产率为7.1%，略高于灾年最大减产率。1981~2012年，

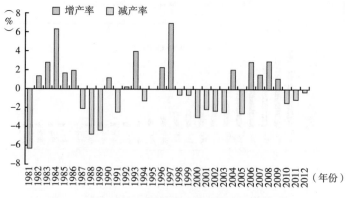

图7　1981~2012年全国冬小麦气象产量变化率

气象灾害引起的全国冬小麦减产率呈降低趋势（见图7），反映了冬小麦气象灾害风险呈降低趋势。

（二）省级尺度

在省级尺度上，1981~2012年各省份平均的冬小麦气象减产率为7.2%，远远大于国家尺度的冬小麦气象减产率（2.3%）。其中，宁夏和甘肃的冬小麦气象减产率较大，1981~2012年灾年平均气象减产率分别为21.8%和13.3%，最大气象减产率分别为62.8%和38.3%；而重庆和新疆的冬小麦灾年气象减产率相对较低，1981~2012年灾年平均气象减产率分别为3.0%和3.3%，最大气象减产率分别为9.2%和6.6%（见图8、表3）。这是因为宁夏和甘肃的冬小麦主要分布在黄土高原的旱地，受干旱和越冬冻害影响较大，成为冬小麦的较大风险区。

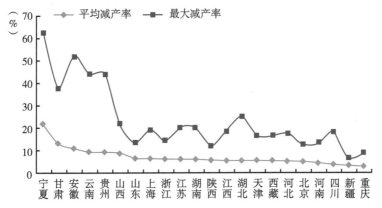

图8 1981~2012年各省份灾年冬小麦平均气象减产率与最大气象减产率

表3 1981~2012年各省份灾年冬小麦平均气象减产率和最大气象减产率

单位：%

省份	平均减产率	最大减产率	省份	平均减产率	最大减产率
宁夏	21.8	62.8	江西	5.5	18.6
甘肃	13.3	38.3	湖北	5.5	25.5
安徽	11.2	52.1	天津	5.4	16.8
云南	9.4	44.5	西藏	5.4	16.6

续表

省份	平均减产率	最大减产率	省份	平均减产率	最大减产率
贵州	9.2	44.2	河北	5.3	17.6
山西	9.0	22.2	北京	5.0	12.8
山东	6.5	13.7	河南	4.5	13.5
上海	6.5	19.3	四川	3.8	18.3
浙江	6.1	14.7	新疆	3.3	6.6
江苏	6.1	20.4	重庆	3.0	9.2
湖南	6.1	20.1	平均	7.2	23.6
陕西	5.7	12.4			

四　气象灾损风险评估

（一）国家尺度

在国家尺度上，各省份的冬小麦丰歉相抵，导致平均减产率、产量变异系数和灾损风险指数往往较低，因此冬小麦的灾损综合风险指数也较低。1981~2012 年冬小麦灾损综合风险指数为 0.06。与省级尺度相比，国家尺度的冬小麦综合风险指数较低，冬小麦总产量较为稳定。

（二）省级尺度

在省级尺度上，1981~2012 年绝大部分省份的冬小麦灾损综合风险指数为 0.05~1.00（见图 9）。全国各省份平均的灾损综合风险指数为 0.24。其中，宁夏和甘肃的冬小麦主要分布在黄土高原无灌溉的旱地，受冬春干旱和越冬冻害影响很大，灾损综合风险指数相对较大，分别达 1.00 和 0.45；四川、重庆和湖北很少发生低温、干旱和涝渍灾害，灾损综合风险指数相对较小，分别为 0.05、0.05 和 0.13（见表 4）。

1981~2012 年冬小麦主产区（冀、鲁、豫）的灾损综合风险指数为 0.17~0.20，平均灾损综合风险指数为 0.19。与国家尺度相比，冬小麦主产区

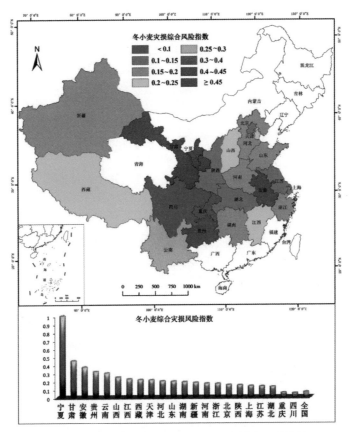

图9 1981~2012年各省份冬小麦灾损综合风险指数

的平均灾损综合风险指数（0.19）小于全国各省份平均的灾损综合风险指数
（0.24），对保障冬小麦总产量稳定具有重要意义。

表4 1981~2012年各省份冬小麦灾损综合风险指数及相关指标

省份	灾年平均减产率（%）	产量变异系数	灾损风险指数	灾损综合风险指数
宁夏	21.84	0.56	0.25	1.00
甘肃	13.28	0.24	0.13	0.45
安徽	11.20	0.24	0.10	0.37

续表

省份	灾年平均减产率（%）	产量变异系数	灾损风险指数	灾损综合风险指数
贵州	9.24	0.20	0.11	0.32
云南	9.41	0.19	0.10	0.30
山西	9.02	0.16	0.08	0.25
江西	5.54	0.26	0.06	0.22
西藏	5.38	0.26	0.05	0.21
天津	5.45	0.26	0.05	0.21
河北	5.30	0.23	0.06	0.20
山东	6.48	0.21	0.05	0.19
湖南	6.08	0.20	0.05	0.19
新疆	3.25	0.30	0.04	0.18
河南	4.49	0.23	0.05	0.17
浙江	6.15	0.17	0.05	0.17
北京	5.04	0.17	0.06	0.15
陕西	5.65	0.15	0.06	0.15
上海	6.48	0.09	0.07	0.14
江苏	6.13	0.12	0.06	0.13
湖北	5.53	0.12	0.06	0.13
重庆	2.98	0.14	0.03	0.05
四川	3.84	0.08	0.04	0.05
全国	2.50	0.17	0.03	0.06

综上所述，冬小麦的灾损风险区主要为西北干旱区。1981~2012年宁夏和安徽的冬小麦气象产量波动幅度较大，安徽、宁夏和西藏的灾年单产减产量较大，河南和山东的冬小麦减产总量较大，宁夏和甘肃的冬小麦气象减产率较大，宁夏、甘肃和贵州的灾损风险较大。冬小麦气象灾损风险主要发生在宁夏、甘肃、新疆、西藏和安徽。

　　研究表明，我国冬麦区主要气象灾害有旱、涝、冰雹、大风、干热风、低温连阴雨和霜冻等，每年都产生不同程度的危害（孙培良等，2012）。灾损综合风险评估表明，冬小麦主产区（北方冬麦区）的灾损总量最大。根据1981~2010年统计的4种主要气象灾害的致灾面积，冬小麦主产区的主要气象灾害是干旱，其次是涝渍。其中，旱灾影响范围最广，1981~2010年旱灾面积占气象灾害受灾面积的65.5%（见图10）。

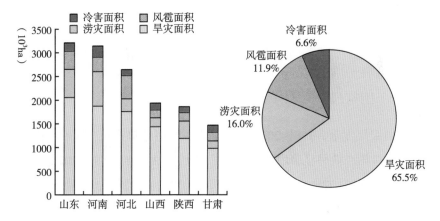

图10　1981~2010年冬小麦主产区平均受灾面积和主要气象灾害的受灾面积比例

B.10
一季稻气象灾损评估

一季稻又称单季稻。西藏和青海基本没有种植一季稻的，北京、山西和甘肃由于严重缺水，水稻种植面积所剩无几，而广东、海南和台湾主要种植双季稻。因此，一季稻气象灾损评估没有包括这些省份。

一 趋势产量和气象产量

（一）国家尺度

在国家尺度上，1981~2012年的年均一季稻趋势产量为6399kg/ha。全国一季稻趋势产量呈显著增加趋势（见图1），由1981年的4702kg/ha逐渐增加到2012年的7389kg/ha，增加了57%。1981~2012年，全国一季稻趋势产量的平均增产率为86.7 kg·ha^{-1}·a^{-1}。

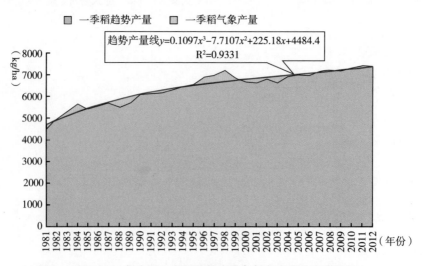

图1 1981~2012年全国一季稻趋势产量和气象产量的变化特征

在国家尺度上，一季稻气象产量存在较显著的年际波动。1981~2012年一季稻气象产量的波动范围为 –382~515 kg/ha。歉收年最大减产量为 382 kg/ha，丰产年最大增产量为 515 kg/ha。一季稻气象产量占趋势产量的比例一般不超过 7.7%。与玉米相比（气象产量占趋势产量的比例最大为 9.2%），一季稻气象产量占趋势产量的比例较低，反映出一季稻产量相对稳定。

（二）省级尺度

在省级尺度上，1981~2012 年几乎所有省份的一季稻趋势产量都随时间呈大幅度提升趋势，趋势产量由 4760 kg/ha 提升至 7280 kg/ha（见图 2）。

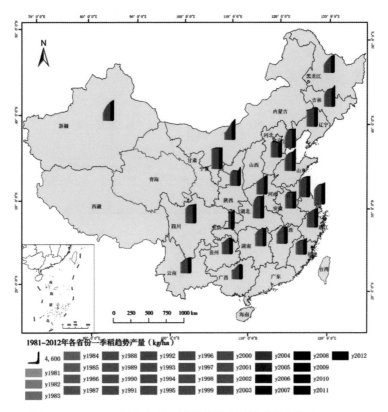

图 2　1981~2012 年各省份一季稻趋势产量的动态变化（kg/ha）

北方水稻产区（包括东北地区、华北地区和华中地区）的一季稻趋势产量相对较高，除个别省份外，1981~2012 年的平均趋势产量为5800~8300 kg/ha；南方水稻产区（包括华南地区的云南、贵州、广西等）的一季稻趋势产量相对较低，1981~2012 年的平均趋势产量仅为4800~5800 kg/ha。

1981~2012 年，各省份一季稻气象产量的波动幅度差异较大。其中天津、吉林、新疆的一季稻气象产量波动幅度较大，分别为4229.3kg/ha、3486.0kg/ha 和3471.2kg/ha；且这些省份的一季稻最大减产量（最低气象产量）也相对较大，分别为3130.3kg/ha、1798.1kg/ha 和2116.2kg/ha，反映出气象条件的影响显著（见图3、表1）。福建、广西的一季稻气象产量波动幅度和最大减产量都较小。1981~2012 年福建、广西的一季稻气象产量波动幅度分别为660.5kg/ha 和846.5kg/ha，最大减产量分别为198.4kg/ha 和384.0kg/ha，均低于全国其他各省份，反映出这些省份的一季稻产量较为稳定，受气象灾损的风险相对较低。

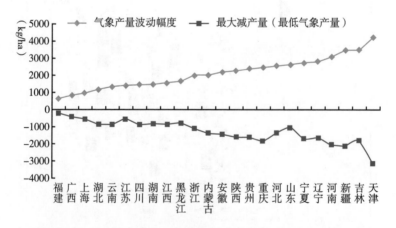

图3 1981~2012 年各省份一季稻气象产量波动幅度和最大减产量

表1 1981~2012年各省份一季稻气象产量及其波动幅度

单位：kg/ha

省份	气象产量波动幅度	最大减产量 （最低气象产量）	最大增产量 （最高气象产量）
福建	660.5	198.4	462.1
广西	846.5	384.0	462.5
上海	964.9	511.8	453.1
湖北	1198.8	808.3	390.4
云南	1356.1	838.7	517.4
江苏	1392.6	525.0	867.6
四川	1443.3	855.0	588.3
湖南	1457.3	783.9	673.4
江西	1564.6	833.8	730.7
黑龙江	1632.9	766.9	866.0
浙江	2007.9	1100.3	907.6
内蒙古	2024.9	1343.4	681.4
安徽	2199.8	1420.5	779.3
陕西	2267.8	1578.6	689.2
贵州	2391.5	1610.2	781.3
重庆	2459.6	1792.1	667.5
河北	2557.1	1349.3	1207.7
山东	2645.4	1027.7	1617.7
宁夏	2724.5	1654.1	1070.4
辽宁	2826.1	1622.3	1203.9
河南	3093.7	2007.0	1086.7
新疆	3471.2	2116.2	1355.0
吉林	3486.0	1798.1	1688.0
天津	4229.3	3130.3	1099.0

二 气象灾损评估

（一）国家尺度

一季稻气象灾损指气象灾害导致的一季稻减产量。在国家尺度上，1981~2012年有16年发生减产，年均气象减产量为140kg/ha，最大减产量为354kg/ha；有16年发生增产，平均气象增产量为161kg/ha（见图4）。1981~2012年一季稻气象减产总量达3209万吨，气象灾年年均减产量为201万吨。

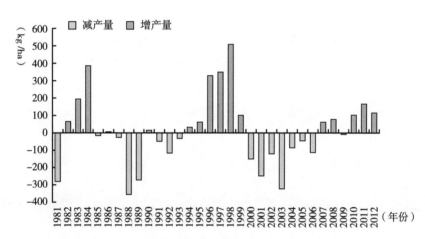

图4 1981~2012年全国一季稻单产变化

（二）省级尺度

在省级尺度上，1981~2012年全国一季稻气象灾年的年均减产量为389kg/ha（见图5）。1981~2012年全国一季稻减产总量达6872万吨。

1981~2012年各省份气象灾害发生年的一季稻减产量为93.9~714.1kg/ha，各省份平均减产量为389kg/ha。其中，河南、吉林和新疆的一季稻减产量相对较大，分别为714.1kg/ha、670.8kg/ha和663.9kg/ha；福建、广西和云南的减产量较小，分别为93.9kg/ha、176.5kg/ha和197.6kg/ha，最大减产量分

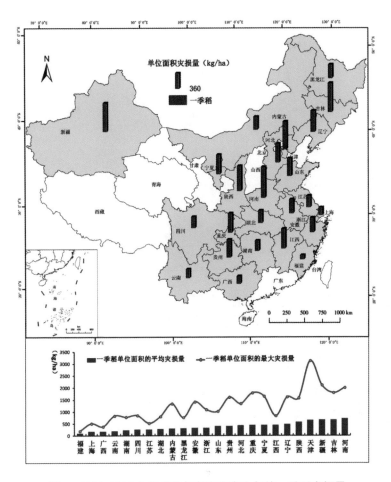

图 5 1981~2012 年各省份气象灾害发生年的一季稻灾损量

别为 198.4 kg/ha、384.0 kg/ha 和 838.7 kg/ha（见表 2）。

1981~2012 年，全国各省份一季稻减产总量差异很大。江苏、四川、安徽、吉林和黑龙江等省份的一季稻减产总量较大，共计 0.41 亿吨，占全国各省份减产总量的 60%（见图 6、表 2）。其中，江苏和四川的一季稻减产量最大，分别达 980.4 万吨和 924.7 万吨；其他省份（如内蒙古、天津、上海等）由于一季稻种植面积较小，减产总量也相应较小。

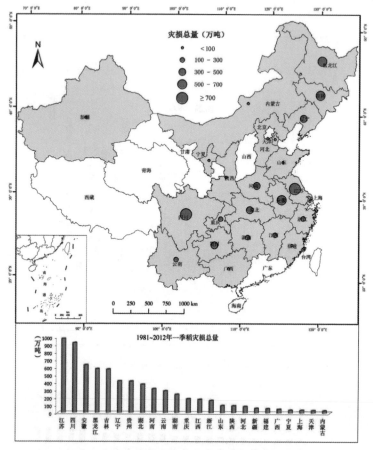

图6 1981~2012年各省份一季稻气象灾损总量

表2 1981~2012年各省份一季稻气象减产总量、单位面积减产量和最大减产量

省份	减产总量（万吨）	单位面积减产量（kg/ha）	单位面积最大减产量（kg/ha）	省份	减产总量（万吨）	单位面积减产量（kg/ha）	单位面积最大减产量（kg/ha）
江苏	980.4	265.5	525.0	江西	178.1	455.6	833.8
四川	924.7	257.4	855.0	浙江	163.9	335.1	1100.3
安徽	630.7	323.4	1420.5	山东	97.0	408.0	1027.7
黑龙江	579.1	318.2	766.9	陕西	95.2	576.5	1578.6

续表

省份	减产总量（万吨）	单位面积减产量（kg/ha）	单位面积最大减产量（kg/ha）	省份	减产总量（万吨）	单位面积减产量（kg/ha）	单位面积最大减产量（kg/ha）
吉林	573.0	670.8	1798.1	河北	85.9	434.3	1349.3
辽宁	420.0	494.4	1622.3	新疆	62.2	663.9	2116.2
贵州	415.9	409.6	1610.2	福建	58.1	93.9	198.4
湖北	375.5	290.9	808.3	广西	51.1	176.5	384.0
河南	318.1	714.1	2007.0	宁夏	39.2	446.0	1654.1
云南	289.9	197.6	838.7	上海	38.6	176.1	511.8
湖南	242.6	236.1	783.9	天津	34.1	649.1	3130.3
重庆	185.3	444.3	1792.1	内蒙古	32.5	297.6	1343.4

三　灾年气象减产率

（一）国家尺度

在国家尺度上，1981~2012 年气象灾害造成的一季稻年均气象减产率较低，仅为 2.1%，最大减产率不超过 6.5%。1981~2012 年一季稻丰产年的年均气象增产率为 2.7%，最大增产率为 7.7%，略高于灾年的最大减产率（见图 7）。

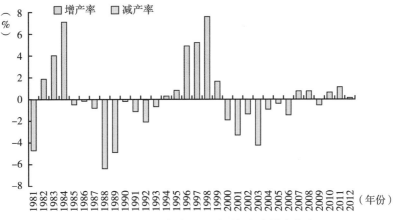

图 7　1981~2012 年全国一季稻气象产量变化率

（二）省级尺度

1981~2012 年，各省份平均的一季稻灾年气象减产率为 6.2%，显著大于国家尺度的一季稻灾年气象减产率（2.1%）。其中，河南、陕西的一季稻气象减产率较大，1981~2012 年平均的灾年气象减产率分别为 11.9% 和 10.1%，最大减产率分别为 29.6% 和 26.2%（见图 8），这反映出河南和陕西的一季稻气象灾损风险较大。

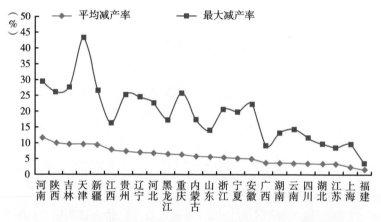

图 8　1981~2012 年各省份气象灾年一季稻平均减产率与最大减产率

1981~2012 年，福建、上海和江苏的灾年平均气象减产率分别为 1.8%、2.5% 和 3.5%，最大减产率分别为 3.5%、9.6% 和 8.8%，灾损风险相对较小（见表 3）。北方一季稻主产区的黑龙江、吉林和辽宁等省份的气象减产率一般为 6.6%~9.8%；南方一季稻主产区的湖北、湖南等省份气象减产率略低，一般为 3.6%~3.8%。

表3　1981~2012年各省份灾年一季稻平均气象减产率和最大气象减产率

单位：%

省份	平均减产率	最大减产率	省份	平均减产率	最大减产率
河南	11.9	29.6	浙江	5.5	20.7
陕西	10.1	26.2	宁夏	5.4	19.8
吉林	9.8	27.8	安徽	5.2	22.3
天津	9.7	43.3	广西	3.9	9.3
新疆	9.7	26.8	湖南	3.8	13.3
江西	7.9	16.3	云南	3.7	14.4
贵州	7.5	25.4	四川	3.7	11.8
辽宁	7.1	24.5	湖北	3.6	9.8
河北	7.0	22.8	江苏	3.5	8.8
黑龙江	6.6	17.4	上海	2.5	9.6
重庆	6.4	25.9	福建	1.8	3.5
内蒙古	6.0	17.4	平均	6.2	19.2
山东	5.8	14.1			

四　气象灾损风险评估

（一）国家尺度

在国家尺度上，由于各省份的一季稻丰歉相抵，灾损综合风险指数也较低。1981~2012年一季稻的灾损综合风险指数为0.08，反映出一季稻产量较为稳定。

（二）省级尺度

在省级尺度上，1981~2012年绝大部分省份的一季稻灾损综合风险指数为0.03~0.76（见图9）。其中，新疆和吉林的灾损综合风险指数相对较大，分别为0.76和0.73；福建、上海和四川的灾损综合风险指数相对较小，分别为0.03、0.09和0.11（见表4）。

在空间分布上，一季稻灾损综合风险的重灾区位于中国北方各省份。其中，吉林、黑龙江、内蒙古、新疆、陕西、天津、河南等省份的一季稻灾损

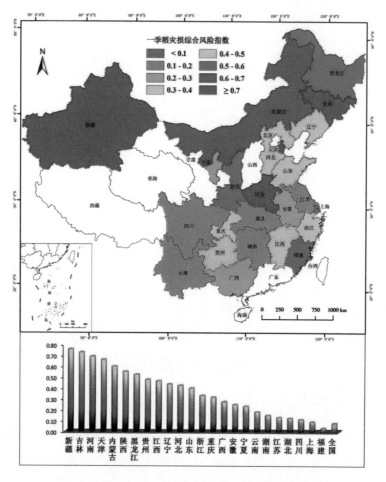

图9 1981~2012年各省份一季稻灾损综合风险指数

综合风险较大，一般为0.52~0.76，远远大于各省份平均的一季稻灾损综合风险指数（0.37）；而南方的福建、上海、四川、湖北、湖南等省份一季稻灾损综合风险较低，一般为0.03~0.15。总体而言，北方一季稻气象灾损风险普遍大于南方，东北地区主要是冷害风险，其他省份主要是干旱导致的水源保障度降低，而宁夏稻区位于黄河灌区，水源比较稳定；而南方各省份一季稻气象灾损风险相对偏大，江西洪涝频繁且严重，贵州则因雨水易于流失而受旱。

表4　1981~2012年各省份一季稻灾损综合风险指数及相关指标

省份	灾年平均减产率（%）	产量变异系数	灾损风险指数	灾损综合风险指数
新疆	9.72	0.28	0.08	0.76
吉林	9.85	0.18	0.09	0.73
河南	11.91	0.18	0.07	0.69
天津	9.74	0.19	0.08	0.66
内蒙古	5.97	0.35	0.05	0.60
陕西	10.14	0.13	0.07	0.55
黑龙江	6.57	0.24	0.06	0.52
贵州	7.49	0.16	0.07	0.48
江西	7.94	0.17	0.06	0.47
辽宁	7.14	0.11	0.07	0.44
河北	7.03	0.11	0.06	0.42
山东	5.82	0.16	0.06	0.40
浙江	5.50	0.13	0.06	0.33
重庆	6.43	0.10	0.05	0.32
广西	3.91	0.19	0.04	0.28
安徽	5.15	0.09	0.05	0.25
宁夏	5.36	0.07	0.05	0.23
云南	3.70	0.14	0.03	0.18
湖南	3.76	0.11	0.03	0.15
江苏	3.55	0.10	0.04	0.13
湖北	3.62	0.12	0.03	0.13
四川	3.70	0.08	0.03	0.11
上海	2.53	0.11	0.03	0.09
福建	1.78	0.10	0.03	0.03
全国	2.10	0.12	0.03	0.08

综上所述，北方一季稻产区灾损风险较大。天津、吉林和新疆的一季稻气象产量波动幅度较大；河南、吉林和新疆的一季稻减产量相对较大；江

苏、四川、安徽、吉林和黑龙江的一季稻减产总量较大；河南和陕西的一季稻减产率较大；吉林和新疆的一季稻灾损综合风险指数较大。一季稻气象灾损主要发生在北方一季稻产区的吉林、黑龙江、新疆、内蒙古和河南等省份。同时，南方一季稻产区的江苏、安徽和四川也存在较大的气象灾损风险。

研究表明，导致我国一季稻灾损的气象灾害主要包括高温、低温、干旱、洪涝、大风、连阴雨等。水稻属喜温作物，对温度敏感，低温冷害和高温热害是导致一季稻灾损的主要气象灾害。我国一季稻有两个集中分布区，即秦岭－淮河以南（即南方一季稻主产区）和东北地区（即北方一季稻主产区）。根据 1991~2010 年各省份农业观测站统计数据，北方一季稻主产区经常面临低温冷害影响，而南方一季稻主产区受到低温冷害和高温热害的共同影响，但以高温热害为主（见图 10）。

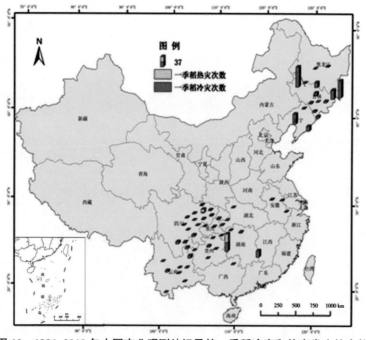

图 10　1991~2010 年中国农业观测站记录的一季稻冷害和热害发生的次数

B.11
双季早稻气象灾损评估

双季早稻指中国南方两季水稻连作区的第一季水稻，主要分布在秦岭 – 淮河以南和青藏高原以东。由于热量条件的限制，其他地区很少种植双季早稻。在热量条件具备的地区，因数据不全，灾损评估未包括台湾。四川、贵州两省和重庆市部分地区也有双季早稻种植，因面积较小也没有进行灾损分析。

一 趋势产量和气象产量

（一）国家尺度

在国家尺度上，1981~2012 年的年均双季早稻趋势产量为 5299 kg/ha。全国双季早稻的趋势产量呈微弱增加趋势（见图 1）。双季早稻趋势产量由 1981 年的 4870 kg/ha 逐渐增加到 2012 年的 5825 kg/ha，增加了 19.6%。1981~2012 年，全国双季早稻趋势产量的平均增产率为 30.8 kg·ha^{-1}·a^{-1}。

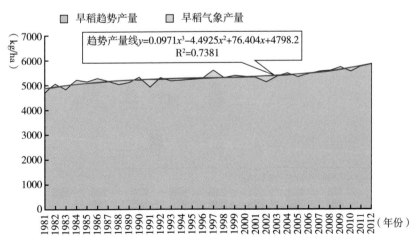

图 1 1981~2012 年全国双季早稻趋势产量和气象产量的变化特征

1981~2012 年，全国双季早稻气象产量的波动范围为 −309~323 kg/ha。歉收年双季早稻的最大减产量为 309 kg/ha，丰产年最大增产量为 323 kg/ha。与玉米、冬小麦和一季稻相比，双季早稻的气象产量年际变化相对较小。

双季早稻气象产量占趋势产量的比例一般不超过 6.1%。相对于玉米、冬小麦和一季稻，双季早稻的气象产量占趋势产量的比例最小，反映出双季早稻的产量较为稳定，气候波动对全国双季早稻产量的影响不大。

（二）省级尺度

在省级尺度上，1981~2012 年各省份双季早稻趋势产量为 4500~6100 kg/ha，各省份平均的双季早稻趋势产量为 5270 kg/ha。其中，南岭以南的广东、广

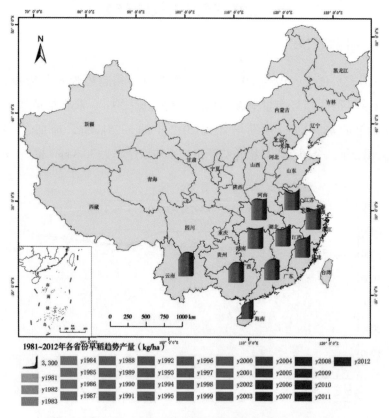

图 2　1981~2012 年各省份双季早稻趋势产量的动态变化

西、云南等省份在 20 世纪八九十年代趋势产量有了较显著的提高，之后趋势产量停滞甚至下降；南岭以北的湖北、湖南、江西、福建等省份在 20 世纪八九十年代趋势产量变化不明显，2000 年以后趋势产量出现较明显的上升趋势（见图 2）。在空间分布上，海南双季早稻趋势产量相对较低，平均趋势产量为 4470kg/ha；其余各省份的双季早稻趋势产量差异不明显，1981~2012 年平均的双季早稻趋势产量为 5000~6100kg/ha。

1981~2012 年，全国各省份双季早稻气象产量的波动幅度差异显著。其中，安徽、湖北的双季早稻气象产量波动幅度较大，分别为 2034.0kg/ha 和 1818.3kg/ha，最大减产量也较大，分别为 1527.9kg/ha 和 1268.0kg/ha，反映出安徽和湖北的双季早稻受气象要素影响显著，存在较大的灾损风险（见表 1）。海南和福建的双季早稻气象产量波动幅度较小，1981~2012 年波动幅度分别为 537.5kg/ha 和 602.6kg/ha，最大减产量也较小，分别为 273.5kg/ha 和 346.1kg/ha，低于全国其他省份，反映出海南和福建的双季早稻产量较为稳定，气象灾损风险相对较低（见图 3）。

表 1 1981~2012 年各省份双季早稻气象产量及其波动幅度

单位：kg/ha

省份	气象产量波动幅度	最大减产量 （最低气象产量）	最大增产量 （最高气象产量）
海南	537.5	273.5	264.0
福建	602.6	346.1	256.5
湖南	713.6	332.5	381.1
江西	1092.5	775.9	316.6
云南	1191.5	693.6	497.9
广东	1358.4	554.6	803.8
广西	1402.1	914.6	487.6
浙江	1425.3	833.0	592.4
湖北	1818.3	1268.0	550.3
安徽	2034.0	1527.9	506.1

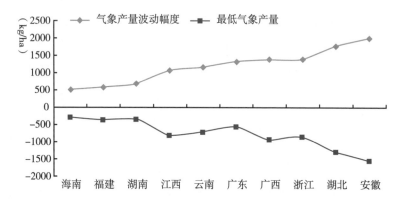

图3　1981~2012 年各省份双季早稻气象产量波动幅度和最低气象产量

二　气象灾损评估

（一）国家尺度

在国家尺度上，1981~2012 年期间有 14 年发生双季早稻减产，年均气象减产量为 122 kg/ha，最大气象减产量为 291 kg/ha；有 18 年发生增产，年均气象增产量为 81.5 kg/ha（见图 4）。1981~2012 年双季早稻气象减产总量为 1416.4 万吨，气象灾年年均气象减产量为 101.2 万吨。

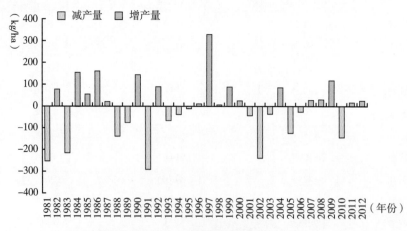

图4　1981~2012 年全国双季早稻单产变化

（二）省级尺度

在省级尺度上，1981~2012 年全国双季早稻灾年的平均气象减产量为 240 kg/ha。1981~2012 年全国双季早稻气象减产总量共计 2652 万吨。

1981~2012 年各省份灾年双季早稻单位面积减产量为 109.3~477.5kg/ha，各省份灾年双季早稻单位面积平均减产量为 240 kg/ha。双季早稻主产区外围（包括安徽、湖北、云南）的双季早稻单位面积减产量相对较大；安徽、湖北和云南的灾年双季早稻单位面积减产量分别为 477.5kg/ha、304.3kg/ha 和 280.2kg/ha；福建和海南灾年的双季早稻单位面积减产量最小，分别为 109.3 kg/ha 和 109.9 kg/ha。在双季早稻主产区的核心区（湖南、江西、广东和广西等），双季早稻单位面积减产量相对较小，一般为 185.4~237.6kg/ha，最大减产量为 332.5~914.6kg/ha（见图 5、表 2）。

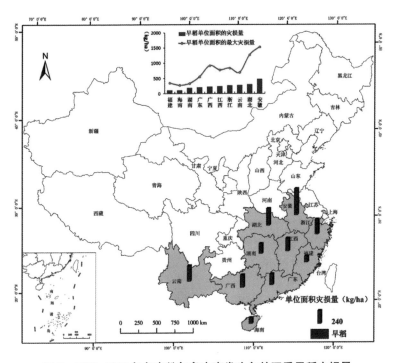

图 5　1981~2012 年各省份气象灾害发生年的双季早稻灾损量

1981~2012 年全国各省份双季早稻的减产总量差异很大。江西、广东、湖南、广西四省（自治区）的双季早稻减产总量较大，共计 1787 万吨，占全国各省份双季早稻减产总量的 67%。其中，江西和广东的双季早稻减产总量最大，分别达 461.6 万吨和 448.7 万吨。云南和海南的双季早稻减产总量较小，分别为 22.2 万吨和 18.6 万吨（见图 6、表 3）。

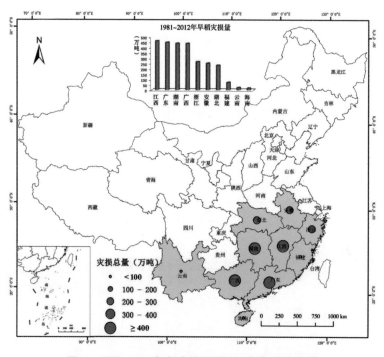

图 6　1981~2012 年各省份双季早稻气象减产总量

表 2　1981~2012 年各省份双季早稻气象减产总量、单位面积
减产量和最大减产量

省份	减产总量（万吨）	单位面积减产量（kg/ha）	单位面积最大减产量（kg/ha）
江西	461.6	237.6	775.9
广东	448.7	200.6	554.6
湖南	438.8	185.4	332.5
广西	438.1	228.1	914.6

续表

省份	减产总量（万吨）	单位面积减产量（kg/ha）	单位面积最大减产量（kg/ha）
浙江	267.3	270.1	833.0
安徽	252.3	477.5	1527.9
湖北	233.7	304.3	1268.0
福建	71.1	109.3	346.1
云南	22.2	280.2	693.6
海南	18.6	109.9	273.5

三 灾年气象减产率

（一）国家尺度

在国家尺度上，1981~2012 年全国双季早稻平均灾年气象减产率较低，灾年平均气象减产率为 2.2%，最大减产率不超过 5.9%。双季早稻丰产年平均气象增产率为 1.7%，最大增产率为 6.1%，高于灾年最大减产率（见图 7）。

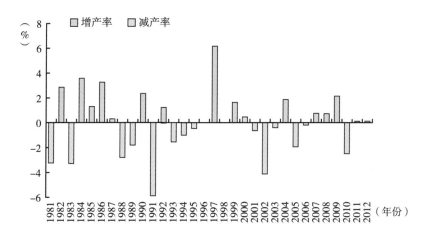

图 7　1981~2012 年全国双季早稻气象产量变化率

（二）省级尺度

在省级尺度上，1981~2012年各省份平均的灾年双季早稻气象减产率为
4.6%，大于国家尺度的双季早稻气象减产率（2.2%），反映出气象灾损风险
较大。其中，安徽的双季早稻气象减产率最大，1981~2012年平均的灾年气
象减产率为9.9%，最大减产率为32.6%；福建和海南的双季早稻气象减产率
相对较低，1981~2012年平均的灾年气象减产率分别为2.1%和2.6%，最大
减产率分别为6.6%和6.2%（见图8、表3）。

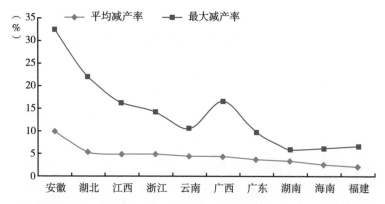

图8 1981~2012年各省份灾年双季早稻平均气象减产率和最大气象减产率

表3 1981~2012年各省份灾年双季早稻平均气象减产率和最大气象减产率

单位：%

省份	平均减产率	最大减产率	省份	平均减产率	最大减产率
安徽	9.9	32.6	广东	3.7	9.9
湖北	5.4	22.0	湖南	3.4	6.1
江西	5.0	16.3	海南	2.6	6.2
浙江	4.8	14.4	福建	2.1	6.6
云南	4.4	10.7	平均	4.6	14.2
广西	4.3	16.7			

四 气象灾损风险评估

(一)国家尺度

在国家尺度上,由于各省份双季早稲丰歉相抵,平均减产率、产量变异系数和灾损风险指数较低,因此灾损综合风险指数也较低。1981~2012 年全国双季早稲灾损综合风险指数为 0.02,低于各省份的双季早稲综合灾损风险指数(见图 9、表 4),反映出在国家尺度上双季早稲产量较为稳定。

(二)省级尺度

在省级尺度上,1981~2012 年我国绝大部分省份的双季早稲灾损综合风险指数为 0.09~1.00,全国各省份的平均双季早稲灾损综合风险指数为 0.42。

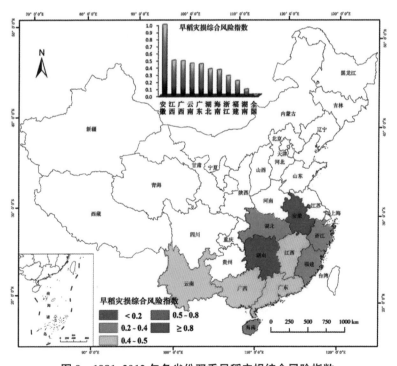

图 9 1981~2012 年各省份双季早稲灾损综合风险指数

其中，安徽、江西和广西的双季早稻灾损综合风险指数较大，分别为0.997、0.492和0.486；湖南和福建的双季早稻灾损综合风险指数较小，分别为0.091和0.207（见图9、表4），反映出安徽、江西和广西等省份的双季早稻灾损风险较大。

表4　1981~2012年各省份双季早稻灾损综合风险指数及相关指标

省份	灾年平均减产率（%）	产量变异系数	灾损风险指数	灾损综合风险指数
安徽	9.92	0.11	0.07	0.997
江西	4.96	0.10	0.04	0.492
广西	4.35	0.10	0.04	0.486
云南	4.45	0.10	0.04	0.453
广东	3.70	0.10	0.04	0.444
湖北	5.40	0.06	0.04	0.373
海南	2.57	0.11	0.03	0.362
浙江	4.83	0.06	0.04	0.280
福建	2.14	0.09	0.03	0.207
湖南	3.40	0.05	0.03	0.091
全国	2.33	0.05	0.03	0.020

综上所述，安徽和湖北的双季早稻气象产量波动幅度较大，安徽、湖北和云南的双季早稻减产量较大，江西双季早稻减产总量最大，安徽的双季早稻减产率和灾损综合风险指数最大。双季早稻灾损高风险区主要分布在安徽、江西、海南和云南，其中安徽的双季早稻灾损风险最大。

研究表明，春寒、倒春寒、阴雨寡照、暴雨、洪涝、高温、干旱等都影响双季早稻生长。双季早稻生育期一般为3~7月，跨越较寒冷的春季和炎热的夏季，低温冷害和高温热害均会对双季早稻正常生长发育造成较大影响。根据1991~2010年各省份农业观测站统计的双季早稻冷害和热害的发生次数，在双季早稻主产区高温热害和低温冷害发生的概率都较高。其中，低温冷害发生的次数更多，分布更广泛，是双季早稻生育期最主要的气象灾害（见图10）。

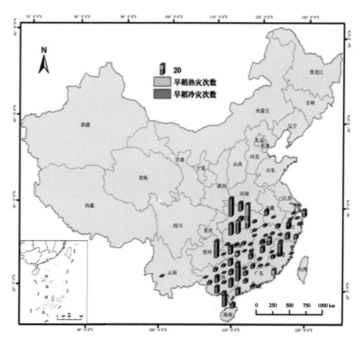

图 10　1991~2010 年双季早稻主产区冷害和热害发生的次数

B.12

双季晚稻气象灾损评估

双季晚稻指中国南方两季（或三季）水稻连作区的最后一季水稻，主要分布在秦岭－淮河以南和青藏高原以东。双季晚稻灾损评估区主要包括上述区域内的各省份，因数据不全，灾损评估不包括台湾。四川、贵州两省南部及重庆部分地区也有双季晚稻种植，因面积较小也没有进行灾损评估分析。

一　趋势产量和气象产量

（一）国家尺度

在国家尺度上，1981~2012年我国的年均双季晚稻趋势产量为4990 kg/ha。全国双季晚稻的趋势产量呈明显增加趋势（见图1）。双季晚稻趋势产量由1981年的3735 kg/ha逐渐增加到2012年的5622 kg/ha，增加了50.5%。1981~2012年，全国双季晚稻趋势产量的平均增产率为61 kg·ha^{-1}·a^{-1}。

双季晚稻气象产量的年际变化较为明显。1981~2012年双季晚稻气象产量的最大波动范围为–420~363 kg/ha。双季晚稻歉收年的最大减产量为420 kg/ha，丰产年的最大增产量为363 kg/ha。

双季晚稻气象产量占趋势产量的比例最高达10.5%，是唯一一个气象产量占趋势产量超过10%的粮食作物。与其他作物相比，双季晚稻的气象产量占趋势产量的比例最高，反映出气候波动对全国双季晚稻产量的影响程度相对较大。

（二）省级尺度

在省级尺度上，1981~2012年各省份双季晚稻的趋势产量一般为

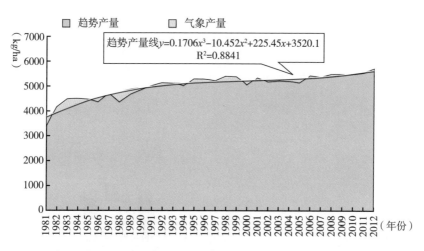

图1　1981~2012 年全国双季晚稻趋势产量和气象产量的变化特征

3900~6000 kg/ha，各省份平均的趋势产量为 4980 kg/ha。1981~2012 年各省份双季晚稻的趋势产量都呈增加趋势。20 世纪八九十年代是各省份双季晚稻趋势产量快速增加期，90 年代以后除个别省份仍保持增加趋势外，许多省份的双季晚稻趋势产量的增加趋势趋缓（见图2）。

在空间分布上，南岭以北省份（包括湖北、湖南、浙江等）的双季晚稻趋势产量稍高，1981~2012 年平均的双季晚稻趋势产量一般为 4800~5900 kg/ha；南岭以南省份（包括广东、广西、云南、海南等）的趋势产量稍低，1981~2012 年平均的双季晚稻趋势产量为 3800~5000 kg/ha。

1981~2012 年，云南、浙江和广西的双季晚稻气象产量波动幅度较大，分别为 2089.1kg/ha、1680.5kg/ha 和 1413.8kg/ha，最大减产量也较大，分别为 891.1kg/ha、947.1kg/ha 和 875.4kg/ha，反映出双季晚稻产量受气象要素影响显著，存在较大的灾损风险。除云南、浙江和广西外，其他省份的双季晚稻气象产量的波动幅度差异不大，一般为 806.3~1339.9kg/ha，最大减产量也差异不大，为 459.1~782.5kg/ha（见图3、表1）。

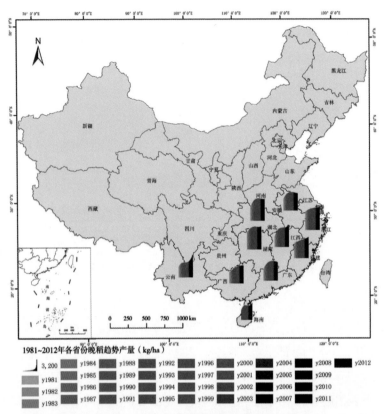

图2　1981~2012年各省份双季晚稻趋势产量的动态变化（kg/ha）

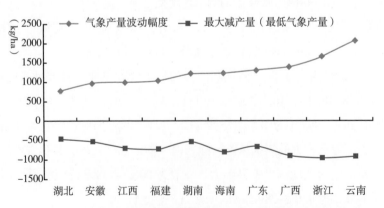

图3　1981~2012年各省份双季晚稻气象产量波动幅度和最大减产量

表 1　1981~2012 年各省份双季晚稻气象产量及其波动幅度

单位：kg/ha

省份	气象产量波动幅度	最大减产量（最低气象产量）	最大增产量（最高气象产量）
湖北	806.3	459.1	347.2
安徽	996.3	513.9	482.4
江西	1031.6	676.3	355.2
福建	1062.0	709.6	352.4
湖南	1238.8	518.7	720.1
海南	1265.5	782.5	482.9
广东	1339.9	635.6	704.2
广西	1413.8	875.4	538.5
浙江	1680.5	947.1	733.3
云南	2089.1	891.1	1198.1

二　气象灾损评估

（一）国家尺度

在国家尺度上，1981~2012 年有 14 年发生双季晚稻减产，年均气象减产量为 150 kg/ha，最大气象减产量为 474 kg/ha；有 18 年发生增产，年均气象增产量为 124 kg/ha（见图 4）。1981~2012 年双季晚稻气象减产总量为1855 万吨，气象灾年年均气象减产量为 132.5 万吨。

（二）省级尺度

在省级尺度上，1981~2012 年全国双季晚稻灾年平均气象减产量为212 kg/ha。1981~2012 年全国双季晚稻灾年气象减产总量为 2728 万吨。

1981~2012 年各省份灾年双季晚稻减产量一般为 149~368 kg/ha，各省份灾年平均减产量为 212 kg/ha。双季晚稻主产区的外围（包括安徽、云南和广西）灾年减产量较大，其中云南和广西的双季晚稻单位面积减产量最大，分别为 367.6 kg/ha 和 232 .4 kg/ha。双季晚稻主产区的核心区（包括福建、广东、江西、湖南等），晚稻单位面积减产量较小，一般为 148.8~216.6

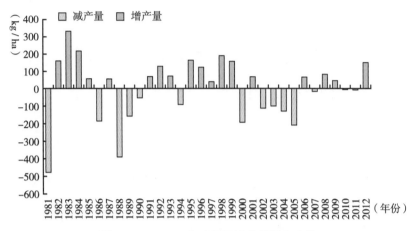

图4 1981~2012年全国双季晚稻单产变化

kg/ha，其中福建和湖北的灾年晚稻减产量为 148.8 kg/ha 和 157.6 kg/ha（见图5、表2）。

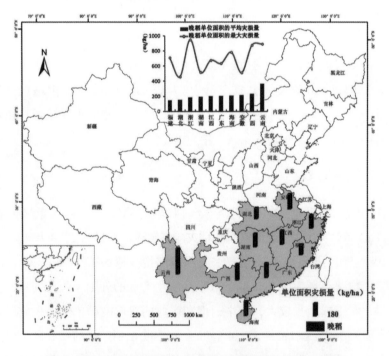

图5 1981~2012年各省份灾年晚稻单位面积的气象灾损量

1981~2012 年，湖南、广东、广西和江西四省（自治区）的双季晚稻减产总量较大，共计 1892 万吨，占全国各省份双季晚稻减产总量的 69%；湖南和广东的晚稻减产总量较大，分别为 567.1 万吨和 509.5 万吨；云南、海南和福建的晚稻减产总量较小，总计 181 万吨（见图 6、表 2）。

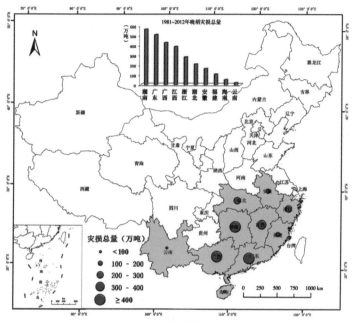

图 6　1981~2012 年各省份双季晚稻灾损总量

表 2　1981~2012 年各省份双季晚稻减产总量、单位面积减产量和单位面积最大减产量

省份	减产总量（万吨）	单位面积减产量（kg/ha）	单位面积最大减产量（kg/ha）
湖南	567.1	193.9	518.7
广东	509.5	207.3	635.6
广西	427.6	232.4	875.4
江西	387.7	201.9	676.3
浙江	281.2	187.2	947.1
湖北	209.0	157.6	459.1
安徽	164.3	216.6	513.9
福建	107.5	148.8	709.6
海南	52.2	210.8	782.5
云南	21.4	367.6	891.1

三 灾年气象减产率

（一）国家尺度

在国家尺度上，全国双季晚稻平均的灾年气象减产率较低，灾年平均气象减产率为3.2%，最大气象减产率为10.5%。1981~2012年双季晚稻丰年平均的气象增产率为2.5%，最大增产率为8.8%，低于灾年最大气象减产率（见图7）。

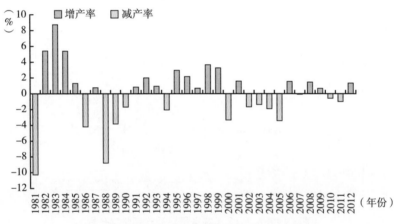

图7　1981~2012年全国双季晚稻气象产量变化率

（二）省级尺度

在省级尺度上，1981~2012年各省份平均的双季晚稻气象减产率为4.6%，大于国家尺度的双季晚稻气象减产率（3.2%）。其中，云南和海南的双季晚稻气象减产率较大，1981~2012年平均的灾年气象减产率分别为8.9%和5.6%；湖北和福建的灾年气象减产率相对较低，1981~2012年平均的灾年气象减产率分别为2.9%和3.1%（见图8、表3）。

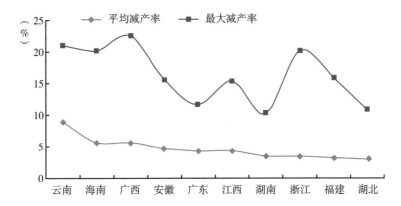

图8　1981~2012年各省份灾年双季晚稻平均气象减产率和最大气象减产率

表3　1981~2012年各省份灾年双季晚稻平均气象减产率和最大气象减产率

单位：%

省份	平均减产率	最大减产率	省份	平均减产率	最大减产率
云南	8.9	21.1	湖南	3.4	10.2
海南	5.6	20.2	浙江	3.4	20.2
广西	5.6	22.6	福建	3.1	15.9
安徽	4.7	15.6	湖北	2.9	10.8
广东	4.3	11.6	平均	4.6	16.4
江西	4.2	15.4			

四　气象灾损风险评估

（一）国家尺度

在国家尺度上，由于各省份双季晚稻丰歉相抵，灾损综合风险指数较低。1981~2012年双季晚稻灾损综合风险指数为0.07，低于各省份的双季晚稻灾损综合风险指数，表明全国双季晚稻产量较为稳定。

（二）省级尺度

在省级尺度上，1981~2012年全国各省份平均的双季晚稻灾损综合风险指数为0.36（见图9）。其中，云南、广西和海南的双季晚稻灾损综合风险指数较大，分别为1.000、0.537和0.500；福建、浙江和湖南的双季晚稻灾损综合风险指数较小，分别为 0.078、0.094 和 0.101（见表 4），反映出云南、广西和海南的双季晚稻具有较大的气象灾损风险。

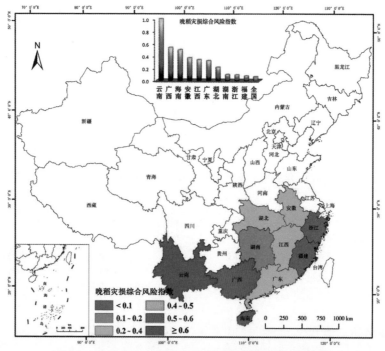

图9　1981~2012 年各省份双季晚稻灾损综合风险指数

表4　1981~2012 年各省份双季晚稻灾损综合风险指数及相关指标

省份	灾年平均减产率（%）	产量变异系数	灾损风险指数	灾损综合风险指数
云南	8.91	0.17	0.08	1.000
广西	5.60	0.14	0.06	0.537
海南	5.62	0.13	0.06	0.500
安徽	4.70	0.13	0.05	0.369
江西	4.23	0.14	0.04	0.341
广东	4.25	0.13	0.04	0.324
湖北	2.91	0.14	0.03	0.217
湖南	3.43	0.10	0.04	0.101
浙江	3.38	0.09	0.04	0.094
福建	3.13	0.10	0.03	0.078
全国	3.20	0.10	0.03	0.068

综上所述，双季晚稻与早稻的种植区域基本相同，但由于种植时期不同，灾损风险区也不完全相同。云南的双季晚稻气象产量波动幅度最大，云南和广西的双季晚稻单产减产量较大，湖南的晚稻减产总量最大，云南和海南的双季晚稻气象减产率较大，云南、广西和海南的双季晚稻灾损综合风险指数较大。总体而言，双季晚稻灾损高风险区主要分布在云南、广西和海南，与早稻灾损高风险区并不一致。

研究表明，双季晚稻生育期间（6月中旬至11月上旬）极易遭受台风、暴雨、洪涝、干旱、高温热害、秋季低温冷害等气象灾害影响。根据1991~2010年各省份农业观测站统计数据，双季晚稻高温热害发生的区域范围相对较小，而低温冷害发生的区域范围较大，几乎在整个双季晚稻主产区都可能发生（见图10），是影响双季晚稻产量的主要因子。

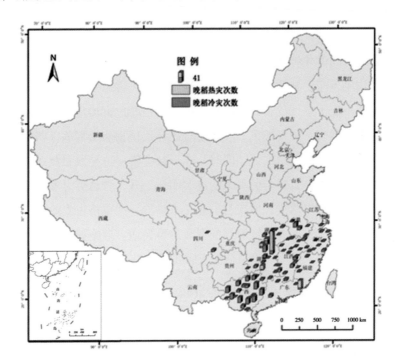

图10　1991~2010年中国农业观测站记录的双季晚稻冷害和热害发生次数

B.13
农业气象防灾减灾对策措施

一 农业气象灾害新特点与应对思路

（一）气候变化和经济社会转型带来的农业气象灾害新特点

季风气候的不稳定性直接影响粮食生产安全，使我国成为农业气象灾害频繁发生的国家，农业气象灾害引起的粮食产量损失通常占到总损失的70%~80%。在全球气候变化背景下，极端天气、气候事件频发引发了农业气象灾害的新特点，如北方干旱缺水与南方季节性干旱加剧，干旱伴随高温使危害加重；大雨、暴雨频次增加导致部分地区洪涝与湿害加重，新疆融雪性洪水频发；高温热害加重，低温灾害总体减轻，但黄淮海地区霜冻害有所加重；平均风速减弱导致大风、冰雹、沙尘暴等灾害总体减轻，但局部地区仍较严重；小麦干热风危害有所减轻，但雨后枯熟危害加重；太阳辐射减弱导致雾霾天气增多，阴害加重。气候变暖还导致植物病虫害危害期提前和延长，范围北扩，害虫繁殖加快。同时，经济社会转型也导致农业系统的某些脆弱性加大，如生产资料与劳动力的成本明显上升，青壮劳力外出打工使许多气象减灾措施难以落实；城市与工业耗水增加，严重挤占农业用水，人为加重了农业干旱；一些农民针对气候变暖的盲目适应措施如过早播种或使用生育期过长的品种，人为加剧了低温灾害（郑大玮，2010）。

（二）农业气象防灾减灾基本思路

农业气象防灾减灾要从改善作物局部生境和增强作物生产系统减灾能力两方面着手。首先，要加强农业基础设施与防灾工程建设，完善农业气象灾害监测、预警和预报体系，调整种植结构与作物品种布局，提高农业气象防灾能力；其次，要培育抗逆高产优质品种，研发推广应变栽培减灾技术，利用有利天气实施人工影响作业，提高农业气象减灾能力；再次，研发推广灾后补救技术，提倡替代生计，健全多元救灾体制，扩大农业气象灾害保险，提高农业气象救灾能力；最后，政府要加强减灾管理，统筹协调全社会减灾资源，加大支农和减灾投入，加强政策引导，提高应对农业气象灾害的科学决策水平。

二　主要粮食作物气象减灾技术

农业气象减灾要针对不同作物和气象灾害类型采取减灾和避灾措施。玉米、小麦和水稻是我国主要的粮食作物，共占全国粮食总产的90%以上。其中，玉米是最重要的饲料粮，易受灾害主要包括旱灾、涝灾和冷害等；小麦是北方居民的主粮，易受灾害主要包括旱灾、霜冻、湿害和冻害等；水稻是南方居民的主粮，易受灾害主要包括冷害和热害等。

（一）玉米

1. 旱灾应对措施

第一，适度蹲苗，培育壮苗。大部分玉米实行雨养或旱作，在缺乏灌溉条件时，抗旱栽培最重要的是提高玉米根系吸收深层土壤水分的能力。在玉米拔节期适度中耕，切断行间部分浅根，可促进根系下扎，还可促进基部节间短粗，增强后期抗倒能力。

第二，抗旱坐水播种。春旱年份为确保全苗可适当提早"抢墒播种"，以充分利用化冻水分发芽出苗。表层墒情恶化后可采取深开沟、浅覆土的"找墒播种"办法以保证出苗。如整个耕层土壤干旱就必须坐水"造墒播种"。东北等地已大面积推广坐水播种机，即在下籽前先向种穴注入少量水，每亩耗水仅10立方米左右就可确保出全苗。

第三，地膜覆盖，保水防旱。干旱具有明显的季节性，北方春旱主要影响春玉米苗期（张淑杰等，2011）；南方伏旱主要影响夏玉米苗期（张建军等，2014）。春旱正值春玉米播种期，而伏旱正值夏玉米播种期和幼苗期。

地膜覆盖可以阻挡土壤表面无效蒸发，保持耕层水分的相对稳定。实践证明，地膜覆盖对抵御玉米幼苗期干旱效果良好。

第四，覆盖麦秸秆防旱。夏玉米主产区一般为小麦和夏玉米复种。小麦收获后秸秆覆盖农田，可以提高土壤含水量10%~20%，进而缓解夏玉米苗期的伏旱威胁（祁宦，2004）。

第五，适时适量灌溉防旱。北方春玉米干旱多发生在苗期，常年春雨远不能满足生长发育的要求，需根据旱情适量灌溉。由于北方玉米主产区水资源量不足，需节约用水，宜采用膜下灌溉、管灌、喷灌和滴灌等节水农业技术。玉米抽雄前后是需水临界期，此时的"卡脖旱"对产量的影响最大，有灌溉条件的地区要千方百计在大喇叭口期到抽雄前浇水。

第六，人工增雨，缓解干旱。我国人工增雨技术发展迅速，飞机增雨和发射火箭弹增雨技术已经比较成熟。采用人工增雨技术开发利用空中水资源，可以有效地缓解旱情。

第七，培育抗旱品种。玉米抗旱性是一种遗传特性。可以针对地区气候特点，引入玉米抗旱基因，培育并选用增产潜力大、耐旱性强和适应当地条件的玉米新品种。

2. 涝灾应对措施

玉米耗水量大，但是不耐淹，田间水分过多，极易发生涝灾。以发芽期到幼苗期最为脆弱，短时被淹就可造成死苗（又称"芽涝"），黄淮海地区夏玉米在少数年份会发生"芽涝"。玉米涝灾大多发生在7~8月雨季，吐丝期到灌浆初期对短时积水具有一定的忍耐力，但如雨后高温暴晒则会迅速枯萎，积水时间长还可造成倒伏。连绵秋雨主要影响灌浆，造成籽粒瘦瘪。应对玉米涝灾的主要措施有起垄种植法、雨季前做好排水准备、及时排出田间积水等。

（1）起垄种植法。对地势平坦、排水不畅的农田，可采取培土起垄的方法将玉米种在垄上，以排除积水和增强抗倒伏能力。

（2）雨季前做好排水准备。及时清理沟渠中的杂草杂物，并与干沟相通，以便在积水时能够及时将水排出。

（3）及时排出田间积水。雨季田间积水时，应及时组织劳力和机械，抓紧时间抢排渍水，尽量减少受淹时间。

积水排除后，需要及时清理田间枯死和倒折的植株与残叶，适当追施氮肥和浅锄散墒，及时防止病虫，促进受灾玉米恢复生长。倒伏植株在雨涝后一两天还可扶持，三天以后不可强行扶持，否则会折断茎秆与根系。

3. 冷害应对措施

冷害曾经是东北地区粮食生产的最大灾害，以延迟型冷害为主，通常表现为5~9月持续或较长时期气温偏低，导致在秋霜冻到来前仍不能正常成熟，因籽粒瘦瘪而减产且含水率高、不耐贮存。华北小麦、玉米复种地区冷害也时有发生，在夏季温度偏低年份，因在小麦播种适期之前不能成熟，为给小麦播种让路而被迫砍青。冷害在20世纪60年代到70年代平均4年一遇，造成减产50亿公斤以上。80年代以后随着气候变暖，玉米冷害总体减轻，但由于气候波动加剧和部分农民过高估计变暖程度，使用生育期过长的品种，冷害仍不断发生。进入21世纪以来，东北地区频繁出现冷冬，加上秋雨增多，冷害主要表现为未充分成熟的玉米籽粒不能充分脱水而难以贮存，粮库不愿意收购或价格被大幅度压低。东北地区玉米冷害的防御措施有掌握安全播种期、适期早播、起垄栽培和地膜覆盖、适当喷施速效磷肥、玉米隔行去雄、行间浅锄和扒皮晾晒促进后熟等。

（1）掌握安全播种期。根据各地气候变暖程度和不同品种生育期对积温的要求，编制不同熟性品种的区划，测算具有80%保证率的安全播种期。

（2）适期早播。东北地区土地资源丰富，最早可在日平均气温稳定升至7~8℃时开始播种，并采取适当加大种量和防病药剂伴种等措施，使大部分农田在稳定通过10℃的适宜期播种。推广大型机械可加快播种进度。推广精量机播可减少多余幼苗的竞争，加快玉米发育。

（3）起垄栽培和地膜覆盖。这些措施能提高土温，加快玉米发育。

（4）适当喷施速效磷肥。当有发育延迟迹象时，要控制氮肥过量施用，适当喷施速效磷肥。

（5）玉米隔行去雄。这样可以减少养分消耗，增产可达5%以上，同时还可加快灌浆进程。

（6）行间浅锄。在玉米灌浆中后期行间浅锄，打老叶，去除空秆株，可促进玉米提早成熟。

（7）扒皮晾晒促进后熟。如强霜冻前玉米未充分成熟，可在抢收后堆放，回暖后摊平扒开苞皮晾晒促进后熟。

（二）冬小麦

1. 干旱应对措施

培育壮苗、适时灌溉、节水灌溉、选育抗旱品种是应对冬小麦干旱的重要措施。

（1）培育壮苗。晚播或深播形成的弱苗由于根系弱小和光合积累少，抗旱能力很差。早播和密度过大形成旺苗，由于冬前过度消耗土壤水分和越冬期间叶片叶鞘大量枯萎，返青后长势较差，抗旱能力也不强。培育壮苗除创造良好土壤水分养分环境外，还要求适时适量适深播种，返青到拔节期间中耕划锄适度蹲苗，促进根系发育，提高吸收深层土壤水分的能力。

（2）适时灌溉。冬小麦主产区大部分属于半干旱或半湿润气候区，从前一年11月至次年5月冬小麦的越冬到抽穗期间降水量通常不能满足生长发育的需要，必须辅以人工灌溉来补充冬小麦生育期内的水分亏缺。经过夏秋雨季之后，如果土壤贮水量偏少，或者冬前气温偏高，冬小麦前期耗水量较大使得越冬前土壤含水量偏少，在冬小麦有稳定冬眠的地区一般要实施冬灌补充土壤水分，以防止越冬期间干旱。孕穗是小麦的需水临界期，干旱缺水会造成粒数大幅度下降，北方麦区即使水源不足，也要力争在小麦拔节到孕穗期间浇上一次水。此外，如发生秋旱影响出苗，还需在播前浇耗底墒水。灌浆初期需水量仍很大，应适时浇足灌浆水，干旱严重时还要适量浇灌"麦黄水"，以水养根和延长叶片功能期，加快灌浆速度，抑制麦田温度上升，防止干热风造成的严重干旱。

（3）节水灌溉。传统灌溉模式的水分利用效率低，加剧了水资源短缺问题，单位水资源可灌溉面积有限。在农业供水量无法继续增加的背景下，节水灌溉可以充分利用有限的水资源，保证更多农田得到灌溉。搞好节水灌溉既要从水利工程的引水、提水、输水、配水等过程中减少损失，又要从改进灌溉制度、灌溉方法、用水管理和农艺措施等方面节水。根据作物水分需求，及时将适量的水分供给到需求的地点。目前推广的节水灌溉方式有渠道衬砌、滴灌、喷灌、细流沟灌、波涌灌溉等。在水量有限时，要确保关键期的灌溉。

（4）雨季蓄墒。黄土高原和部分山区冬小麦以一季旱作为主，麦收后进入雨季要深翻晒垡以集蓄雨水。雨季结束到小麦播种前要及时耙耱收墒保蓄水分。

（5）化学抗旱。适当增施磷肥，孕穗到灌浆前期喷施抗旱剂等都能增强麦苗抗旱能力。

2. 冻害与霜冻应对措施

小麦虽属耐寒植物，但生长发育主要处于冬半年，低温仍是小麦生产上的重大威胁。适期播种、适时灌溉、培育壮苗、选育抗寒品种是应对冬小麦冻害与霜冻的主要措施。

（1）适期晚播。在冬季气候变暖的情况下，要适当推迟冬小麦播期，以防止冬前旺长在越冬时遭受冻害。小麦晚播还可推迟小麦拔节期，使拔节敏感期躲过霜冻多发时段。但过于迟播会使冬前生长量不足，分蘖减少，弱苗抗寒能力较差，越冬易受冻害；后期高温还会导致生育期缩短，粒数减少，粒重下降，产量将受到影响，因此应根据当地条件适当晚播冬小麦。

（2）适度深播和适量播种。小麦越冬的关键器官是分蘖节。黄淮麦区小麦的分蘖节深度通常达到1cm，华北地区达到1.5cm，长城以北地区达到2cm，一般年份当地主栽品种就能够安全越冬。为此，长城以北地区小麦播种深度应达到4~6cm，华北中北部应掌握在3~4cm，黄淮麦区应控制在2~3cm。过浅播种会使分蘖节浅，越冬易受冻受旱而冻伤甚至死苗。但过深播种会使出苗延迟且细弱、生长不良或减产。播种量应随播期的延迟适当增大，以弥补分蘖数量的不足。但播量过大群体假旺，个体发育不良，苗情素质差，抗寒抗旱能力减弱，也会导致减产。播量过小则穗数减少，冠层遮蔽不足，辐射降温加剧，也容易受冻。

（3）适时灌溉防冻害。黄淮麦区在秋冬季节干旱概率较高时，浇越冬水不仅具有踏实土壤、增大热容量、稳定地温的作用，而且可以促进次生根的生长发育。北部麦区因冬季严寒少雪，冻害往往伴随冬季干旱。一般年份都应在表土冻融交替期间把适时适量浇好水作为越冬保苗的关键措施。研究表明，霜冻来临前浇水对减轻小麦冻害有明显的效果。冬季麦田表土反复冻融水分易丧失，如分蘖节和大部分次生根处于干土层中，在黄淮麦区会严重影响小麦生长，在华北和西北麦区，冬旱与严寒相结合，可造成严重的冻害死苗。黄淮麦区可选择在回暖天气的白天补浇小水，因小麦冬季需水不多，浇水过多反而有害无益。北部麦区因冬季土壤封冻，如边浇边冻形成冰盖反而会加重死苗。因此不可轻易浇水，应尽量采取镇压措施促使冻层上部融化水分沿毛细管上升以缓解冬旱并减轻冻害。镇压使表土紧实还可减少土壤与植株水分的升华损失。如干土层超过5cm，镇压也不能提墒时，可在回暖天气的午间，气温高于3℃时，采取管灌或喷灌浇小水，一般每亩浇水5~10立方米，多浇反而有害（郑大玮等，2013）。

（4）选育抗寒品种。不同的小麦品种发育特点不同。由于各地越冬条件不同，冬季小麦完全停止生长和存在稳定冻土层的北部麦区应选用抗寒性强的强冬性或冬性偏强品种；冬季小麦处于半休眠状态和冻土层很不稳定的黄淮麦区应选用抗寒性适中的冬性和弱冬性品种；长江流域冬季温度较高，小麦仍活跃生长，可选用抗寒性较低，但仍能基本安全越冬的弱冬性和春性品种。小麦植株的抗寒性在冬前随着抗寒锻炼进程的不断增强，在初冬到隆冬达到最强。此后随着幼穗分化的进程不断降低。因此，黄淮麦区与长江流域麦区在播种偏晚时，可采用冬性偏弱的品种，而播种偏早时，须采用冬性偏强的品种。随着气候变暖，北部麦区推广品种对冬性的要求普遍有所降低，这有利于提早穗分化，争取大穗增加粒数，但冬性降低过多会人为加重冻害。小麦在春季起身拔节之后，冬前的抗寒锻炼基本解除，品种间抗寒性的差异变小。尽管如此，春霜冻频发和严重的地区仍应选用冬性相对偏强的品种，返青后发育相对缓慢，拔节晚、分蘖力强、抗霜冻能力较强。

（5）冻后补救措施。小麦有很强的再生和补偿能力。旺苗越冬受冻后往往使穗分化较早的主茎的大蘖的生长点死亡，但小分蘖尚存活。早春及时搂掉束缚心叶伸出的枯萎叶片叶鞘并及早浇水施肥，可争取存活分蘖成穗，并且加强后期管理可争取较多的粒数和较高的粒重以弥补因部分死苗穗数减少的损失。弱苗受冻后因根浅吸收能力差和养分积累少，过早浇水施肥的效果不好，应细松土提高地温，增施少量速效磷肥和有机肥，待麦苗发起来后逐渐增加水肥供应，仍可获得较好收成。但如果死苗过多，应当机立断不误农时改种其他作物。霜冻发生较早时，如只是部分叶片冻枯，应及时浇水追肥以促进迅速恢复。死苗较多时要根据存活茎数及成穗潜力决定保留或改种。黄土高原等只种植一季冬小麦的地区，如霜冻死苗严重又来不及改种春播作物，可利用灾后萌发小蘖及时浇水追肥促进，仍可获一定收成。

3. 渍害应对措施

渍害又称湿害，是南方小麦生产区最主要的灾害，黄淮麦区也时有发生。苗期虽然相对耐湿，但长期受渍，麦苗次生根和分蘖减少，叶小苗僵，发育迟缓，严重的会烂根死苗。后期耐湿能力下降，受渍后生长不良会引发多种病害和穗发芽。主要应对措施有加强麦田基本建设、实行水旱轮作、增施有机肥和磷钾肥、适时播种、选育耐湿抗病品种、适时松土和种子包衣等（孙元敏等，1994）。

（1）加强麦田基本建设。做到厢沟、围沟、腰沟三沟配套，明沟与暗沟相结合，田内沟与田外沟及河渠相连，控制河网水位和降低麦田地下水位，雨后能迅速排水。

（2）实行水旱轮作。推广少耕免耕和轮耕，改善土壤通透性。

（3）增施有机肥和磷钾肥。受渍麦苗恢复生长后巧施接力肥，重施拔节孕穗肥。

（4）适时播种。土壤过湿或稻茬麦无法耕种时可推广机械摆盘，防止盲目撒播和乱耕乱种。

（5）选育耐湿抗病品种。调整品种布局，选育耐湿性强、适应性广的抗病品种，通常白皮品种休眠期短，潮湿天气易穗发芽，红皮品种一般不会穗发芽。

（6）适时松土。积水排除后适时松土散墒。

（7）种子包衣。过氧化钙种子包衣在淹水条件下有促进萌芽的作用。

（三）水稻

1. 冷害应对措施

（1）预防早稻烂秧。首先要掌握适宜的播种期。籼稻品种要在日平均气温不低于12℃、最低气温不低于7℃时播种；粳稻品种一般在日平均气温不低于10℃、最低气温不低于5℃时，抓住"冷尾暖头"天气抢晴播种。秧田要选择背风向阳、排灌方便的田块，大力推广薄膜覆盖、半旱育秧和塑盘工厂化育秧。冷空气来时要放深水保温，温度不太低时只需保持湿润以利土壤升温。持续低温阴雨要注意更换新水以提高水中含氧量。秧田播前要结合深耕增施基肥，适当多施磷钾肥和有机肥，氮肥不要过多，可促进根系早发多发，培育壮秧。低温阴雨常诱发病菌造成烂秧，应提前做好土壤灭菌并在出苗后及时用药剂防治。

（2）调整播期，躲避"五月寒"。"五月寒"是影响南方早稻和一季稻的主要冷害。在预测可能出现"五月寒"时，可通过合理的早稻播种期、移栽期，结合选用适宜的早稻品种，避过孕穗期的寒害。障碍型冷害多发地区要根据多年平均冷害出现日期并以80%的保证率确定安全齐穗期，然后反推确定当地的安全晚稻播种期和安全移栽期，如东北一季稻不插6月秧，黄淮海麦茬稻不插7月秧，长江中下游双季晚稻尽量不插8月秧等。

（3）深水灌溉抵御冷害。无论是早稻育秧还是晚稻孕穗抽穗期，一旦遇上低温天气，可采取灌深水等方法提高水温和泥温。冷空气过后可实行浅水勤灌，增施壮籽肥，以保证禾苗尽快恢复生长。南方晚稻在发生寒露风时在水面和叶片上喷洒抑制蒸发剂，可在叶面上形成单分子薄膜，通过抑制水分蒸发和蒸腾来提高水温和叶温，有效减轻冷害威胁。

（4）培育耐寒杂交水稻。杂交水稻品种的耐寒能力通常低于籼稻，更低于粳稻品种。要选用抗寒性相对较强的品种，大力推广杂交早稻。杂交早稻有较强的发根力和生长势，在低温情况下分蘖力比常规稻强，且穗大、粒多、抗逆能力强。

2. 热害应对措施

（1）调整播种期，避开高温阶段。7~8月恰逢长江流域梅雨之后的伏旱高温期，又正值早稻灌浆和一季稻抽穗扬花，是水稻对高温最敏感的阶段。可以适当晚播，使一季稻抽穗开花期避开高温集中时段。调整一季稻播种期以避开高温热害，在江淮地区已经有成功案例（谢志清等，2013）。对于早稻尽可能适当早播和促进早发，争取高温时期到来前基本完成灌浆。

（2）盛花期喷灌降温。据研究，喷灌能明显降低水稻田间的温度，增加湿度。喷灌后，田间气温可下降2℃以上，相对湿度增加10%~20%，有效时间约2小时。喷灌可降低空秕率2%~6%，并增加千粒重。喷灌时间以盛花期前后为最佳。

（3）孕穗至抽穗期灌水降温。孕穗至抽穗期，若温度高于35℃，可采取日灌夜排，以水降温的措施。根据天气预报，在高温日上午向田间灌上深水层，傍晚排浅水层，可有效地降低田间温度，减轻热害，并增加空气湿度，提高花粉活力。

三 农业气象灾害风险评估、管理监测和预报预警

（一）农业气象灾害评估、区划与风险管理

应对农业灾害首先要进行风险分析，分析农业气象孕灾环境、致灾因子、承灾体脆弱性、抗灾能力和灾情，对农业气象灾害进行风险评估，以准确了解农业气象灾害的发生发展规律和致灾机理，准确把握灾害发生的概率和可能造成的危害，为采取有效和可行的减灾措施提供决策依据。在阐明农业气象灾害地域分异规律的基础上，对单项农业气象灾害与综合灾害风险进行划分，作为宏观减灾管理的基础，以便科学应对农业气象灾害。为满足农业部门合理布局作物生产的需要，气象部门对农业气象灾害风险进行了精细划分，如东北三省按照每100℃·d的积温划分积温带，提出在气候变暖的背景下原有品种可跨一个积温带引种，跨两个积温带引种需慎重，一般年份跨三个积温带引种的作物不能正常成熟，这将人为加重冷害和霜冻。各地气象部门还应用遥感、地理

信息系统和全球定位系统等"3S技术"对山区进行精细农业气候区划，利用冷空气难进易出的有利地形种植喜温作物，以规避冷害或冻害。

根据农业气象灾害风险评估结果，分别采取不同的风险管理对策。当农业气象灾害的风险很小，可能造成的损失小于减灾成本时，可采取接受风险的策略。当农业气象灾害的风险极大，可能造成巨大的损失，现有技术手段难以抗拒时，应采取时空规避的策略，如根据农业气象灾害风险区划调整种植结构和作物品种布局，改变播种期或移栽期。当对于农业气象灾害的风险源具有一定可控能力时，在天气条件有利和经济上可行时，可进行人工影响天气作业，以减轻灾害环境胁迫。当农业气象灾害风险处于中等水平，宏观气象环境难以改变时，可通过耕作、灌溉、覆盖等措施改善作物的局部生境以减轻农田的气象灾害风险，也可以通过调整选用抗逆品种，或通过调节群体结构、培育壮苗、促进根系发育和基部节间粗壮、喷施化学抗逆药剂等措施，增强作物的抗灾能力。当农业气象灾害风险造成一定经济损失不可避免时，可通过参加灾害保险，将风险转移或分散，通过保险公司的理赔来补偿损失。

（二）农业气象灾害监测、预报和预警

气象灾害的监测、预报和预警是预防农业气象灾害的关键。目前我国正在建设和不断完善农业气象灾害的监测、预报和预警体系。

我国已建立600余个农业气象监测站，分别对玉米、小麦、水稻等主要农作物进行实时监测。气象自动监测站、多普勒天气雷达网、沙尘暴监测网与L波段探空雷达已经形成了地面监测网；风云系列气象卫星、中巴资源卫星、环境监测系列卫星等已经构成了空中监测网。但是，农业气象灾害监测、预报和预警体系还有待进一步完善。目前，对于洪涝、雪灾、沙尘暴、霜冻、森林与草原火灾、植被覆盖稀疏时土壤干旱等的监测效果较好，但对作物冠层形成后的干旱、冻害、冷害与植物病虫害等累积型复杂灾害监测和预报的难度仍较大，有时还会发生将气象干旱与农业干旱、冻害与干旱混淆的状况。为此，未来需要重点加强以下工作。

第一，加强数据分析和预测技术。虽然我国已经建立了比较完善的立

体监测网络，获得了海量数据，但是对数据的分析和信息提取技术还比较滞后。遥感技术、地理信息系统、网络传输技术、模型预测技术还没有形成一套完美结合的体系。还缺少适合我国农业灾情的一系列评估模型，致使农业气象灾害预警和预报的精度偏低。因此，特别需要加强信息分析技术和模型预测技术的应用，以便为气象灾害的预警和预报提供准确信息。

第二，需要建立各级气象灾害应急管理系统。利用现代网络传输技术、Web GIS 数据分析和发布技术，建立包括国家级、省级和县级联网的气象灾害综合信息管理系统，以实现对农业灾害的实时监测、预测、预警、预报，以及实现高效的应急管理和紧急处置。

第三，研究主要作物不同气象灾害危害机制及形态特征的鉴别标准与诊断方法，提高辨别不同农业气象灾害种类与类型及评定损伤程度的能力，为准确高效地发布农业气象灾害预报和预警以及开展保险理赔提供了科技支撑。

四 强化农业气象灾害的减灾管理

农业气象减灾是一项复杂的系统工程，要形成政府主导、农业企业发挥市场机制和公众广泛参与的多元主体综合减灾格局，统筹协调和优化配置全社会的减灾资源，科学指导防灾、抗灾和救灾等各个减灾环节，加强风险管理与能力建设，最大限度和高效率地减轻农业气象灾害的损失，保障十几亿人口的粮食安全和农业的可持续发展（郑大玮，2010）。

第一，要建立健全农业减灾的各级管理机构。由于农业灾害的特殊性，其他部门的减灾业务并不能代替农业部门自身的减灾管理。各级农业部门要针对当地农业发展规划和灾害发生特点，会同气象部门共同制定农业气象灾害的减灾规划和实施方案，并制定相应的政策保障措施。

第二，气象部门要积极配合农业部门，做好农业气象灾害的风险分析、评估、区划、监测、预报、预警等业务，主动提供各类农业气象技术服务，利用有利天气实施增雨或消雹等人工影响天气作业。

第三，现有国家和省级应急预案是针对全社会的，是有指导性的，而农业气象灾害的发生具有明显的区域性，对不同作物和不同发育阶段的影响也很不一样，所以各地要针对不同灾种和不同作物分别制定可操作性强的预案，以防止在农业气象灾害发生时措手不及或盲目行动。重大农业气象灾害还应建立相邻区域、部门或企业之间的协调联动机制。农业生产上干旱、涝渍、冷害与冻害等累积型气象灾害造成的损失往往超过其他突发型气象灾害，预案的重点要放在灾前的预防和灾害发生初期的抗灾，单纯依赖应急处置往往事倍功半甚至事与愿违。

第四，加强减灾工程建设与备灾物资储备，夯实农业气象减灾的物质基础。针对大量农村青壮年劳动力转移的情况，要结合土地流转扶持和开展农田水利、土地整理、田间道路、粮食仓储等农业基础设施建设。除各级救灾物资储备库外，农业部门还应储备一定数量的化肥、农药、水泵、柴油、饲草料和救灾作物与品种的种子，促进灾后农业生产的迅速恢复。

第五，干旱缺水是我国粮食作物生产面临的最大威胁，要在全国普遍建立按流域统筹分配水资源的制度和编制节水农业发展规划，加快北方病险水利工程的检修，加大南方季节性干旱地区小型水利工程的实施力度，使有限的水资源得以优化配置和高效利用。

第六，总结提炼和集成现有农业减灾实用技术并在广大农村推广普及。研制推广减灾专用设备、器具和制剂，如北方的注水播种机和集雨贮水装置可推广到南方季节性干旱地区，继续研发高效和低成本的抗旱剂、保水剂、防冻剂等。

第七，品种抗逆性减退是灾害加重的原因之一，急需建立主要作物品种抗逆性鉴定制度并编制品种适宜种植区划，制止盲目引种和跨区种植。

第八，大力推进农业灾害保险试点，首先在主要商品粮基地全面普及农业灾害保险制度，扩大粮食主产区重大农业气象灾害的天气指数保险试点。

第九，针对气候变化带来的农业气象灾害新特点，构建主要粮食作物不同产区适应气候变化的防灾减灾农业技术体系，并向广大农民普及。

第十，加强农业气象灾害机理与减灾技术途径的基础性研究，在条件较好的气象与农业科研机构建立国家级农业减灾重点实验室，构建具有中国特色的农业气象减灾理论体系与区域性减灾技术体系。

附录
农业气象灾害及其灾损评估方法与资料

　　观测及模拟均表明，气候变化已经对全球许多区域的主要作物（包括小麦和玉米）总产量产生了不利影响，负面影响较正面影响更为普遍；我国粮食生产已经连续12年获得丰收，除气候变化影响外，农业丰收还得益于政策、技术、市场和投入的作用；如果没有相应的防御措施（包括科学使用农药），病害与虫害对主要作物产量造成的损失全球平均分别达总产量的16%和18%（IPCC WG Ⅱ,2014）。我国地处地球环境变化速率最大的季风气候区，幅员辽阔，地形结构特别复杂，具有从寒温带到热带、湿润到干旱的不同气候带区。天气、气候条件年际变化很大，气象灾害频发，农业受气候变化与气象灾害影响严重。矫梅燕（2014）首次采用"要素—过程—结果—评估"的逻辑思路，从全国、主要农区及主要粮食作物（水稻、玉米、小麦）种植区三个层次分析评估了中国农业气候资源变化、农业气象灾害变化、农业病虫害变化、农业种植制度变化及其对粮食生产的影响，并针对中国不同区域的农业与气候变化特点，提出了农业适应气候变化的具体措施。但是，关于中国主要粮食作物的气象灾害及其灾损的时空格局演变趋势仍不清楚，这制约着应对措施的制定与实施。在此，重点分析评价我国主要粮食作物（小麦、玉米、水稻）种植区的主要农业气象灾害演变趋势及其气象灾损的时空变化特征。

一　农业气象灾害

（一）研究区域

　　本研究主要分析主要粮食作物（小麦、玉米、水稻）种植的主要农业气象灾害（见表1）。

表1 主要粮食作物主要种植区的资料台站数与主要灾害

单位：个

作物		主要种植区	地面气象台站数	农业气象台站数	主要灾害
冬小麦		黄淮海地区	54	89	霜冻害、干旱
		长江中下游地区	44	22	涝渍、霜冻害
春玉米		东北地区	64	57	霜冻害、冷害、干旱
水稻	一季稻	长江中下游地区	59	40	高温热害
		东北地区	39	27	冷害
	双季稻	长江中下游地区	43	65	早稻高温热害和低温
		华南地区	49	43	阴雨、晚稻寒露风

注：表中各作物种植区使用的部分资料来自相同台站，因此实际使用的地面气象台站数（240）与农业气象台站数（296）小于表中各作物种植区的台站数目总和。

冬小麦主要种植区为黄淮海地区（见图1），包括北京、天津、山东与河南的全境、河北与山西的中南部、安徽与江苏的北部；长江中下游地区，包括江苏、安徽与湖北的全境、浙江与湖南的西北部。

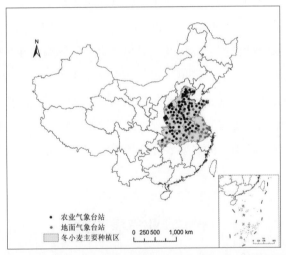

图1 冬小麦主要种植区的地面气象站与农业气象站分布

春玉米主要种植区为东北地区（见图2），包括辽宁与吉林的全境、黑龙江的中南部。

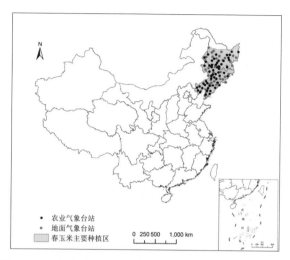

图2　春玉米主要种植区的地面气象站与农业气象站分布

　　一季稻主要种植区为长江中下游地区（见图3），包括江苏、湖北与浙江的全境、安徽的中南大部、湖南的西北部、江西的东北部；东北地区，包括辽宁的中东部、吉林的中北部、黑龙江的东南部。

　　双季稻主要种植区为长江中下游地区（见图4），包括江西与浙江的全

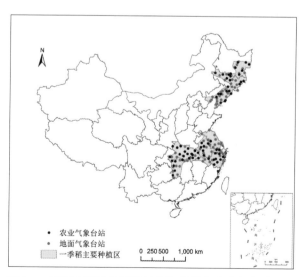

图3　一季稻主要种植区的地面气象站与农业气象站分布

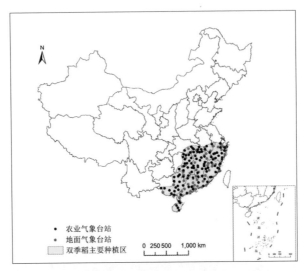

图4　双季稻主要种植区的地面气象站与农业气象站分布

境、安徽的南部、湖北的东南部、湖南的中东部；华南地区，包括福建、广东与海南的全境、广西的东部与南部。

（二）研究方法

1. 农业气象灾害

（1）气象干旱

气象干旱指某时段内由于降水量和蒸发量的收支不平衡而导致的水分短缺现象，是水文干旱、土壤干旱等其他类型干旱发生和发展的基础。因此，研究气象干旱的时空规律及其变化是干旱和旱灾研究的基础内容。

当前，气象干旱时空研究的指标主要有降水距平百分率、降水 Z 指数、标准化降水指数、综合气象干旱指数、帕默尔干旱指数等。在此，选取"欧洲地区极端事件统计和区域动力降尺度"项目（STARDEX）提出的基于逐日温度和降水量观测资料的 50 多个极端指数中的持续干旱指数，即最长连续无雨日数（日降水量 ≥ 1.0mm 为有雨日，否则为无雨日），分析气象干旱的空间分布格局与演变趋势（STARDEX Diagnostic Extremes Indices Software User Information，2004）。

　　研究所用气象数据来自中国气象局国家气象信息中心全国752个国家标准气象站1961~2012年的逐日观测数据集，使用其中的日降水量。经数据质量控制后，选取连续观测的551个标准气象站数据进行分析研究（见图5）。

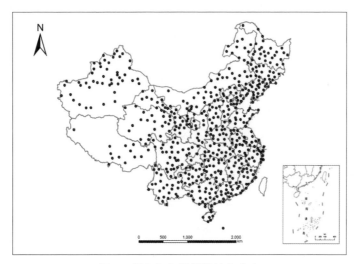

图5　所有气象数据的站点分布

　　农业干旱指由土壤水和作物需水不平衡造成的异常水分短缺现象，长期无降水或降水异常偏少是引起干旱的直接原因。

　　在此，采用常规方法对我国1950~2008年农业干旱的受灾、成灾、绝收面积进行统计，并按干旱发生的时间顺序分析近60年来中国农业干旱的时间演替趋势；探讨我国六大耕作区（西南、华南、西北、黄淮海、长江中下游、东北）和各省份的干旱受灾、成灾、绝收面积占全国干旱受灾、成灾、绝收面积的比例，阐明近60年来农业干旱的空间演替规律及发展趋势。所用资料来源于农业部种植业信息网的1950~2008年全国及各省份干旱受灾、成灾、绝收面积资料，其中1967~1969年数据资料缺失（陈方藻等，2011）。

　　（2）涝渍

　　洪涝指因大雨、暴雨或持续降雨使低洼地区淹没、积水的现象，一般由长时间降水或区域性暴雨及局地性短时间强降水及其所造成的径流引起。洪涝灾害具有双重属性，既有自然属性，又有社会经济属性。它的形成必须具备两方面的条件。第一，自然条件。洪水是形成洪涝灾害的直接原因。只有洪水强度达到一定标准，才可能出现灾害。主要影响因素有地理位置、气候条件和地形地势。第二，社会经济条件。只有洪水发生在有人类活动的地方才能成灾。受洪水威胁最大的地区往往是江河中下游地区，而中下游地区因其水源丰富、土地平坦又常常是经济发达地区。按照水分过多的程度，洪涝灾害可分为洪水、涝害和渍害，其危害包括洪水对作物的机械损伤、对农田的损毁、养分的流失和水分过多对农作物生理机能的破坏。水网圩区、平原洼地、山区谷地既易涝又易渍，并且涝灾与渍害往往形成于同一地区、同一时间或同一次降水过程，可将涝害与渍害统称为涝渍（霍治国等，2009）。

洪涝对作物危害机理复杂，界定洪涝灾害指标尚不完善，但当农田土壤相对湿度在90%及以上时，土壤含水量处于过湿或饱和状态，土壤大孔隙充水，缺少空气，作物根部环境条件恶化，造成植株生长与发育不良、作物产量下降形成的农业气象灾害，定义为涝渍（中国气象局，2009）。

小麦为旱生作物，对土壤水分过多相当敏感。受涝渍的小麦根系长期处在土壤水分饱和的缺氧环境中，根系吸水能力减弱，造成植株体内水分亏缺，严重时甚至造成脱水凋萎或死亡。长江中下游地区的冬小麦易遭受涝渍灾害，其中淮北麦区、江苏丘陵麦区和湖北麦区小麦涝渍较常见。冬小麦（长江中下游地区）涝渍指标采用中华人民共和国气象行业标准《冬小麦、油菜涝渍等级》（中国气象局，2009），该标准适用于秦岭–淮河沿线及其以南区域。选取相应生育阶段（见表2）的降水量、降水日数、日照时数构建冬小麦涝渍指数 Q_w，即

$$Q_w = b_1 \frac{R}{R_{max}} + b_2 \frac{D_{max}}{D} - b_3 \frac{S}{S_{max}}$$

式中，R 为旬降水量（mm）；R_{max} 为旬最大降水量（mm）；D 为旬降水日数（d）；D_{max} 为旬最多降水日数（d）；S 为旬日照时数（h）；S_{max} 为旬最长日照时数（h）；b_1、b_2 和 b_3 分别为降水量、降水日数和日照时数对

涝渍灾害形成的影响系数，计算方法采用主成分分析方法。参考取值：b_1 为 0.75~1，b_2 为 0.75~1，b_3 为 0.50~0.75。冬小麦涝渍等级指标如表 2 所示。

表 2　冬小麦涝渍等级界定标准（QX/T 107–2009）

生育期	发生时间	灾害等级		
		轻度	中度	重度
冬前苗期	11 至 12 月	3 旬平均 $Q_w \geq 0.7$		
拔节期	3 月	2 旬平均 1.1 > $Q_w \geq 0.8$，其中有 1 旬 1.3 > $Q_w \geq 1.0$	2 旬平均 $Q_w \geq 1.1$，其中有 1 旬 $Q_w \geq 1.3$	
孕穗期	4 月上旬至中旬	2 旬平均 0.9 > $Q_w \geq 0.8$，其中有 1 旬 1.2 > $Q_w \geq 1.0$	2 旬平均 1.2 > $Q_w \geq 0.9$，其中有 1 旬 1.4 > $Q_w \geq 1.2$	2 旬平均 $Q_w \geq 1.2$，其中有 1 旬 $Q_w \geq 1.4$
抽穗灌浆期	4 月下旬至 5 月中旬	2 旬平均 1.0 > $Q_w \geq 0.8$ 或 1 旬 1.2 > $Q_w \geq 1.0$	2 旬平均 1.2 > $Q_w \geq 1.0$，其中有 1 旬 1.4 > $Q_w \geq 1.2$	2 旬平均 $Q_w \geq 1.2$，其中有 1 旬 $Q_w \geq 1.4$
减产率参考值（%）		5~10	10~20	> 20

（3）高温热害

温度超过作物所能适应的上限，对作物生长发育（特别是开花和结实）及最终产量所造成的危害，统称高温热害。水稻为高温热害主要受灾作物，我国长江流域及其以南地区的双季早稻和一季稻均受高温热害影响。水稻高温热害指水稻处于孕穗后期和抽穗扬花期，在 7 月下旬至 8 月上旬遭遇连续日平均气温在 30.0℃及以上、日最高气温在 35.0℃及以上、极端最高气温在 38.0℃以上、相对湿度在 70% 以下的高温天气，孕穗后期的部分颖花发育畸形，扬花阶段影响花药开裂及花粉活力，花粉迅速丧失水分，抑制花粉管伸长，致使受精不良，结实率降低，造成空壳或不完全粒，进而导致减产或严重减产。水稻高温热害主要发生在三个阶段：双季早稻和一季稻孕穗开花期、灌浆期以及双季晚稻育秧期。在水稻的整个生长发育过程中，开花期是水稻对高温影响最敏感的时期，次敏感期为灌浆结实期。高温会造成水稻不开花、少开花或开花而不结实，严重影响水稻的产量。

灌浆结实期是水稻产量和品质形成的关键时期，高温对水稻灌浆期的危害主要是高温逼熟现象。水稻灌浆结实期适宜温度为 23.0~26.0℃，最高温度为 35.0℃，持续多天出现最高 40.0℃ 以上的穗层温度会对植株产生影响。灌浆期的关键时期是在开花后 5~10 天的乳熟前期，此阶段是决定灌浆增重的关键时期。该阶段若受到持续高温的影响，则灌浆进程加快，灌浆成熟过程明显缩短，千粒重下降。乳熟期的高温危害可使黄熟期的籽粒增重大幅下降。

综合考虑确定双季早稻（长江中下游地区和华南地区）和一季稻（长江中下游地区）抽穗开花期高温热害，以日最高气温 ≥ 35.0℃ 作为指标，依据持续出现时间长短，划分不同的危害等级（见表 3）（高素华、王培娟，2009）。将日最高气温 ≥ 35.0℃ 且连续出现 3~4 天定义为轻度热害，连续出现 5~7 天定义为中度热害，连续出现 8 天及以上定义为重度热害。

表 3　高温热害等级指标

灾害等级	轻度	中度	重度
日最高温度（℃）	≥ 35.0	≥ 35.0	≥ 35.0
持续时间（d）	3~4	5~7	≥ 8

（4）低温冷害

低温冷害指作物在生长期间因温度持续偏低，影响正常生产，或出现低于下限温度的零上相对低温，而使作物生殖过程发生障碍，导致减产的农业气象灾害，多在春、夏、秋季发生。由于不同地区作物与品种种类的差异，作物在不同生育阶段对温度条件的要求不同，冷害具有显著的地域性，亦有不同灾害名称，譬如"倒春寒""夏季低温""秋季低温""寒露风"等。春季发生在长江流域的早稻低温烂秧天气，称为春季低温冷害，亦称"倒春寒"；秋季发生在长江流域晚稻抽穗扬花阶段的低温冷害，称为秋季低温冷害，亦称"秋季低温"；而两广地区在晚稻开花期遇到的低温冷害，称为"寒露风"；东北地区在 6~8 月出现的低温，称为"东北低温冷害"或"夏季低温冷害"（张养才等，1991）。

依据低温对作物危害的特点及作物受害症状，冷害亦可分为延迟型冷害、障碍型冷害和混合型冷害三类。在作物生育期间，特别是在营养生长阶段若遇持续低温（生殖阶段也可能遭遇），极易引起作物生育期显著延迟，是为延迟型冷害。其特点是，作物在较长时间内处于较低温度条件下，造成出苗、分蘖、拔节、抽穗开花等发育期延迟，甚至在开花后仍遇持续低温导致作物不能充分灌浆，未能在初霜冻到来之前正常成熟，出现谷粒不饱满或半粒、秕粒，使千粒重下降。东北地区水稻、玉米多遭遇延迟型冷害，长江流域双季稻苗期和移栽返青期也常遭遇延迟型冷害。作物在生殖生长阶段若遇低温会使生殖器官的发育过程或生理机制受到破坏，导致发育不健全，妨碍授粉、受精，造成籽粒不育或部分不育，产生空壳和秕谷，是为障碍型冷害。障碍型冷害的特点是低温时间较短（数小时至数日），主要发生在作物对低温较敏感的孕穗期和抽穗开花期。长江流域种植的晚稻在抽穗开花阶段常遭遇此类短时低温危害；两广地区的山区、半山区农业生产中常出现障碍型冷害；东北地区水稻抽穗开花多在8月，若温度过早急剧降低，亦会遭遇障碍型冷害。混合型冷害指延迟型冷害与障碍型冷害同年度发生，亦称兼发型冷害，危害比单一型冷害更严重。一般因作物营养生长阶段遇低温天气而延迟抽穗开花，进而抽穗开花期又遇低温，造成大幅减产。在此，主要分析长江中下游地区和华南地区的双季早稻低温阴雨、长江中下游地区和华南地区的双季晚稻寒露风、东北地区的水稻和玉米延迟型冷害。

　　延迟型冷害属累积型灾害，需要长时期相对低温的积累，短时间气温偏低的危害不大。障碍型冷害属突发型灾害，在作物敏感期短时间出现阈值以下的低温即可造成严重的后果。

　　①双季早稻播种育秧期间低温阴雨的界定

　　双季早稻播种育秧期间低温阴雨的界定采用中华人民共和国气象行业标准《早稻播种育秧期低温阴雨等级》（中国气象局，2008）。低温阴雨等级以日平均气温、日平均气温低于阈值的持续日数、日照时数为综合指标，划分为轻度、中度、重度三个等级（见表4）。等级划分时，重度优先于中度，中度优先于轻度。

表4　低温阴雨等级划分指标（QX/T 98–2008）

等级	指标		
	日平均气温（℃）	持续日数（d）	过程平均日照时数（h）
轻度	< 12.0	3~5	< 3.0
中度	< 12.0	6~9	< 3.0
	< 10.0	≥ 3	< 3.0
重度	< 12.0	≥ 10	< 3.0
	< 8.0	≥ 3	< 3.0

②双季晚稻抽穗开花期寒露风的界定

双季晚稻抽穗开花期寒露风的界定采用中华人民共和国气象行业标准《寒露风等级》（中国气象局，2008）。寒露风等级划分以日平均气温、日最低气温和影响降水日等为基础，分为干冷型、湿冷型两大类，各分为轻度、中度、重度三个等级（见表5）。等级划分时，重度优先于中度，中度优先于轻度。

表5　寒露风等级划分指标（QX/T 94–2008）

等级	指标						
	干冷型（华南地区）			湿冷型（长江中下游地区）			
	日平均气温		日最低气温 ≤ 17.0℃日数（d）	日平均气温		日最低气温 ≤ 17.0℃日数（d）	影响降水日数（d）
	值（℃）	持续日数（d）		值（℃）	持续日数（d）		
轻度	≤ 22.0	≥ 3	≥ 0	≤ 23.0	≥ 3	≥ 0	≥ 1
	≤ 22.0	2	≥ 1	≤ 23.0	2	≥ 1	≥ 1
中度	≤ 20.0	3~5	≥ 0	≤ 21.0	3~5	≥ 0	≥ 1
	≤ 20.0	2	≥ 1	≤ 21.0	2	≥ 1	≥ 1
重度	≤ 20.0	≥ 6	≥ 0	≤ 21.0	≥ 6	≥ 0	≥ 3

③东北地区水稻与玉米延迟型冷害的界定

东北地区水稻与玉米延迟型冷害的界定采用中华人民共和国气象行业标

准《水稻、玉米冷害等级》（中国气象局，2009）。选取当年5~9月逐月平均气温之和与同期多年平均值的距平为东北地区水稻延迟型冷害致灾因子，并依据其量值大小确定分级指标（见表6）。

表6　东北地区水稻延迟型冷害等级划分指标（QX/T 101–2009）

等级	致灾因子	致灾指标（℃）						减产率参考值（%）
	5~9月逐月平均气温之和的多年平均值（T）	$T \le 80.0$	$80.0 < T$ ≤ 85.0	$85.0 < T$ ≤ 90.0	$90.0 < T$ ≤ 95.0	$95.0 < T$ ≤ 100.0	$100.0 < T$ ≤ 105.0	
轻度冷害	5~9月逐月平均气温之和与多年平均值的距平（ΔT）	$-1.1 < \Delta T$ ≤ -1.0	$-1.3 < \Delta T$ ≤ -1.1	$-1.7 < \Delta T$ ≤ -1.3	$-2.4 < \Delta T$ ≤ -1.7	$-2.8 < \Delta T$ ≤ -2.4	$\Delta T \le -2.8$	5~15
中度冷害		$-2.0 < \Delta T$ ≤ -1.1	$-2.2 < \Delta T$ ≤ -1.3	$-2.6 < \Delta T$ ≤ -1.7	$-3.2 < \Delta T$ ≤ -2.4	$-3.8 < \Delta T$ ≤ -2.8		
重度冷害		$-2.2 < \Delta T$ ≤ -2.0	$-2.6 < \Delta T$ ≤ -2.2	$-3.2 < \Delta T$ ≤ -2.6	$-3.8 < \Delta T$ ≤ -3.2	$-4.2 < \Delta T$ ≤ -3.8	$\Delta T \le -4.2$	>15

选取当年5~9月逐月平均气温之和与同期多年平均值的距平为东北地区玉米延迟型冷害致灾因子，并依据其量值大小确定分级指标（见表7）。

表7　东北地区玉米延迟型冷害等级划分指标（QX/T 101–2009）

等级	致灾因子	致灾指标（℃）						减产率参考值（%）
	5~9月逐月平均气温之和的多年平均值（T）	$T \le 80.0$	$80.0 < T$ ≤ 85.0	$85.0 < T$ ≤ 90.0	$90.0 < T$ ≤ 95.0	$95.0 < T$ ≤ 100.0	$100.0 < T$ ≤ 105.0	
轻度冷害	5~9月逐月平均气温之和与多年平均值的距平（ΔT）	$-1.4 < \Delta T$ ≤ -1.1	$-1.7 < \Delta T$ ≤ -1.4	$-2.0 < \Delta T$ ≤ -1.7	$-2.2 < \Delta T$ ≤ -2.0	$-2.3 < \Delta T$ ≤ -2.2	$\Delta T \le -2.3$	5~15
中度冷害		$-1.7 < \Delta T$ ≤ -1.4	$-2.4 < \Delta T$ ≤ -1.7	$-3.1 < \Delta T$ ≤ -2.0	$-3.7 < \Delta T$ ≤ -2.2	$-4.1 < \Delta T$ ≤ -2.3		
重度冷害		$-2.4 < \Delta T$ ≤ -1.7	$-3.1 < \Delta T$ ≤ -2.4	$-3.7 < \Delta T$ ≤ -3.1	$-4.1 < \Delta T$ ≤ -3.7	$-4.4 < \Delta T$ ≤ -4.1	$\Delta T \le -4.4$	>15

（5）霜冻害

霜冻害是在春秋转换季节，土壤表面和作物表面温度下降到0℃以下，足以使作物遭受伤害甚至死亡的农业气象灾害。依据天气条件，霜冻可分为三类。第一，平流型霜冻，即由强烈冷平流天气引起剧烈降温而发生的霜冻。通常是一次强冷空气或寒潮爆发，低于0℃的冷空气从北部地区入侵，且发生时伴随强风，常见于长江以北的早春和晚秋，以及华南和西南的冬季。第二，辐射型霜冻，即在晴朗无风的夜间，作物表面强烈辐射降温而发生的霜冻。受冷高压控制，白天最高气温在10.0℃以上，夜间晴朗无风、空气干燥，辐射散热条件很好，温度迅速下降，在下半夜或日出前作物叶温降至0℃以下而受害。第三，混合型霜冻，即冷平流和辐射冷却共同作用发生的霜冻。先因北方强冷空气入侵，气温骤降，至夜间天气转晴、风速减小，辐射散热强烈，作物体温进一步降低而形成霜冻害。中纬度晚春和早秋出现的霜冻多属此类，对农业生产危害较严重。从一年中霜冻出现的时间来看，霜冻有初霜冻与终霜冻之分。每年入秋后第一次出现的霜冻，称为初霜冻；每年春季最后一次出现的霜冻，称为终霜冻。不同地区不同作物受初霜冻、终霜冻的影响不同。一般初霜冻出现时，天气比较暖和，农作物尚未停止生长。初霜冻一旦来临，常使晚熟的大田作物茎叶提前凋萎，籽粒成熟不饱满，或品质变坏，甚至不能成熟，造成不同程度的减产。终霜冻出现时，大多数春播作物正处于幼苗阶段。霜冻一旦降临，常使作物幼嫩部分，如新生叶片、生长点、幼叶、嫩茎受冻萎蔫枯死，严重影响生长，甚至整株死亡，造成缺苗断垄，或者毁灭性的灾害。从春季终霜冻结束至秋季初霜冻来临这段时间称为无霜期。一个地区作物生长季长短，是选择作物品种、确定播期等重要的农业气象依据。

作为农业气象灾害的霜冻与作为天气现象的霜是不同的，有时空气水汽含量较少，地面或叶面未出现白色冰霜，但作物体温已降到0℃以下，仍可发生霜冻害。反之，即使地表出现白霜，但作物体温未达到受害温度，也不会发生霜冻害。

作物霜冻害界定采用中华人民共和国气象行业标准《作物霜冻害等级》

（中国气象局，2008）。小麦、玉米等霜冻害发生等级取决于最低气温、最低叶温和作物受害程度等因素。在此，主要研究黄淮海地区和长江中下游地区的冬小麦霜冻害、东北地区的玉米霜冻害，采用日最低气温为冬小麦、玉米霜冻害指标（见表8）。

表8　冬小麦和玉米霜冻害等级指标（QX/T 88–2008）

单位：℃

作物名称	轻霜冻（日最低气温）			中霜冻（日最低气温）			重霜冻（日最低气温）		
	苗期	开花期	乳熟期	苗期	开花期	乳熟期	苗期	开花期	乳熟期
玉米	−1.0~−2.0	0~−1.0	−1.0~−2.0	−2.0~−3.0	−1.0~−2.0	−2.0~−3.0	−3.0~−4.0	−2.0~−3.0	−3.0~−4.0
冬小麦	−7.0~−8.0	0~−1.0	−1.0~−2.0	−8.0~−9.0	−1.0~−2.0	−2.0~−3.0	−9.0~−10.0	−2.0~−3.5	−3.0~−4.5

2. 农业气象灾害等级与发生频次

在进行农业气象灾害等级划分时，重度优先于中度，中度优先于轻度。

农业气象灾害频次以第 m 站点第 n 年某种农业气象灾害发生次数 F_m^n 为依据，定义该站点所在作物种植区第 n 年相应的农业气象灾害发生总频次：

$$F_{region}^n = \sum_{m=1}^{M} F_m^n$$

式中，M 为该作物种植区所有地面气象台站数。例如，计算黄淮海地区冬小麦灾害频次时，$M=54$；计算长江中下游地区冬小麦、一季稻以及双季稻的灾害频次时，M 分别取 44、59 与 43；计算东北地区春玉米与一季稻的灾害频次时，M 分别取 64 与 39；计算华南地区双季稻的灾害频次时，$M=49$。该站点 N 年发生灾害的总频次为：

$$F_m^{time} = \sum_{n=1}^{N} F_m^n$$

计算 1961~1970 年、1971~1980 年、1981~1990 年、1991~2000 年以及 2001~2010 年的灾害频次时，$N=10$；计算 1981~2010 年和 1961~2012 年的灾害频次时，N 分别取 30 与 52。

最后，利用反距离加权法将灾害频次插值至整个作物种植区，获得作物种植区灾害频次的空间分布格局。

（三）资料来源

1. 气象资料

气象资料来自中国气象局气象数据共享数据网，包括冬小麦、春玉米和水稻（一季稻和双季稻）主要种植区 1961~2012 年 240 个地面气象台站的逐日平均气温、最高气温、最低气温、降水量、日照时数资料和 1991~2012 年 296 个农业气象台站冬小麦、春玉米和水稻（一季稻和双季稻）的作物发育期资料。研究作物主要种植区的资料台站数与分布如表 2 和图 2 至图 5 所示。

2. 作物发育期资料

基于 1991~2012 年农业气象台站的作物发育期资料，统计每个农业气象台站每种作物某一发育期的平均日序，利用反距离加权法进行空间插值，再利用地面气象台站的经纬度信息提取对应作物的发育期日序。

二　农业气象灾损

（一）研究区域

小麦（冬小麦和春小麦）、玉米（春玉米和夏玉米）和水稻（双季早稻和晚稻、一季稻）三者占我国谷物总产量的 95% 以上，占我国粮食总产量的 85% 左右，是我国最主要的粮食作物（王丹，2009）。为此，本报告重点评估我国主要粮食作物小麦（冬小麦）、玉米（春玉米和夏玉米）和水稻（双季早稻和晚稻、一季稻）的气象灾损与风险。

1. 玉米

玉米是广布性农作物，在全国各省份都有分布。按照种植季节的不同，主要分为春玉米和夏玉米，华南和西南部分地区还有少量秋冬玉米。春玉米主产区主要分布在我国北部省份，包括黑龙江、吉林、辽宁等省份。在黄土高原、内蒙古高原、青藏高原和中低山区，南方丘陵地区也有一定面积的春玉米。夏玉米常常与冬小麦复种，冬小麦收割之后种植夏玉米。夏玉米主产区主要分布在秦岭－淮河以北的黄淮海平原和西部一些山间盆地，在新疆南部、甘肃南部以及西南部分地区也有较大面积种植区。

尽管春玉米与夏玉米在我国大部分省份都有种植，但历年统计粮食产量时并没有区分春玉米和夏玉米。为区分春玉米与夏玉米的气象灾损，在此分别评估春玉米与夏玉米主产省份的气象灾损及其作为整体的玉米气象灾损。

2. 小麦

小麦是我国主要粮食作物，种植面积较广，主产区分布在长城以南、六盘山以东、秦岭－淮河以北，包括北京、天津、山西、山东、河南、河北、陕西、甘肃以及江苏和安徽两省北部，即北方冬麦区。长江流域的四川、湖北、江苏与安徽两省南部、湖南与浙江两省北部为第二大产区，通常与水稻复种。北方冬麦区播种面积约占全国小麦播种面积的60%（张清，1991；王培娟等，2012）。在我国南部（福建、广东、广西、海南）和西北地区（新疆、甘肃、宁夏）冬小麦也有种植，但是面积较小。春小麦种植区主要分布在我国东北部（黑龙江、吉林、辽宁、内蒙古）和西北部（甘肃、宁夏、青海、新疆），播种面积不足冬小麦的1/9。

黑龙江、吉林、辽宁、内蒙古、青海等省份冬季气候较为严寒，除辽宁南部小面积外都无法种植冬小麦。福建、广东、海南等省份缺少小麦"春化"过程所需的寒冷时期，可以种植春性品种，但由于气温过高，生育期太短，冬小麦产量很低，极少种植。因此，冬小麦气象灾损评估不包括上述省份。

3. 水稻

水稻主要集中分布在热带或亚热带的高温多雨地区。华中和华南地区水稻广泛种植，如长江流域、珠江三角洲和四川盆地。该区水热条件充足，一年往往能够种植一季或二季水稻，其余大部分地区一年往往仅能种植一季水稻。随着气候变暖，东北地区的水稻种植面积呈现扩大趋势，成为我国第二个重要水稻产区。华北地区原是北方水稻的主产区，但气候暖干化和经济发展导致水资源严重不足，水稻种植面积已大幅度减少。虽然在我国西北部和西南部也有水稻种植，但是由于地质条件和水热条件限制，种植面积比较小。

一季稻（又称单季稻）：西藏和青海基本没有种植一季稻，北京、山西和甘肃由于严重缺水，水稻面积所剩无几，而广东、海南和台湾主要种植双季稻。为此，一季稻气象灾损评估没有包括这些省份。

双季早稻：主要分布在秦岭－淮河以南、青藏高原以东。由于热量条件的限制，其他地区很少种植双季早稻。在热量条件具备的地区，因数据不全，灾损评估未包括台湾。四川、贵州两省和重庆部分地区也有双季早稻种植，因面积较小也没有进行气象灾损分析。

双季晚稻：主要分布在秦岭－淮河以南、青藏高原以东。双季晚稻灾损评估区主要包括上述区域内的各省份，因数据不全不包括台湾。四川、贵州两省南部及重庆部分地区也有双季晚稻种植，因面积较小也没有进行灾损评估分析。

（二）研究方法

作物气象灾损研究的基本思路是基于 1981~2012 年我国各省级行政区的粮食单产，首先将单产分解为趋势产量和气象产量，并利用实际单产计算产量变异系数；其次，利用趋势产量和气象产量计算相对气象产量、平均减产率、灾年减产量、灾年减产率、不同减产率出现概率以及气象灾损风险指数；最后，将产量变异系数、灾年平均减产率和灾损风险指数综合为气象灾损综合风险指数，综合评估我国主要粮食作物（春玉米、夏玉米、冬小麦、一季稻、双季早稻和晚稻）的气象灾损与风险（见图 6）。

1. 趋势产量和气象产量

作物单产一般可分解为趋势产量、气象产量和随机产量三个部分。趋势产量（Y_t）主要反映土地肥力、育种、施肥、灌溉等农业基本生产条件和栽培、植保等技术进步的贡献，反映的是粮食产量的长期变化趋势；气象产量（Y_w）主要反映气象要素波动的影响，反映的是气象要素变化导致的实际产量相对于趋势产量的波动幅度，由于病虫害的发生与当年气象条件密切相关，其对产量的影响基本上也已反映在气象产量中；随机产量（ε）反映其

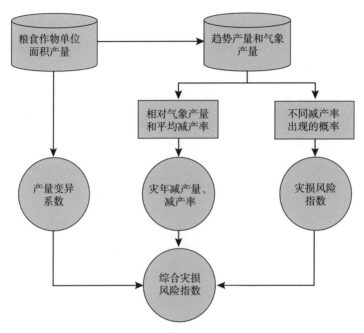

图6　作物气象灾损风险评估思路

他随机因素的影响，反映的是其他不确定因素导致的产量波动。随机产量在作物产量中所占比重很小，常常被忽略。

$$Y=Y_t+Y_w+\varepsilon$$

式中，Y为作物单产，Y_t为趋势产量，Y_w为气象产量，ε为随机产量。

通常，基于时间序列的实际粮食产量的趋势方程将实际粮食产量分解为趋势产量和气象产量。但在分解时采用的趋势方程并不统一，如滑动平均、线性回归方程、二次方程、三次方程、正交方程等（王健等，2013）。本研究中粮食产量的时间序列较长（1981~2012年），考虑到粮食产量受各种复杂因素的影响，长时间序列的趋势产量可能存在一定程度的波动，不可能完全直线上升或直线下降。一次趋势方程为直线型、二次趋势方程为抛物线型，二者都难以精确模拟趋势产量的实际变化。三次趋势方程为S型，适于模拟较长时间序列趋势产量的实际变化。在此，采用三次多项式模拟得到趋势产量方程，通过将时间变量t代入趋势产量方程计算1981~2012年每年对应的趋势产量（Y_t）。

实际产量与趋势产量之差就是气象产量（Y_w）。气象产量为正值表示实际产量高于趋势产量，预示着粮食增产；负值表示实际产量低于趋势产量，预示着有气象灾害发生，其绝对值就是气象减产量。

2. 相对气象产量（Y_r）和灾年平均气象减产率（R）

相对气象产量（Y_r）是气象产量（Y_w）与趋势产量（Y_t）的比值，揭示了气象产量偏离趋势产量的相对波动幅度。相对气象产量为正表示气象增产率，负值表示气象减产率。灾年平均气象减产率（R）是所有负值相对气象产量的算术平均值。

$$Y_r = \frac{Y_w}{Y_t}$$

$$R = \frac{1}{n}\sum_{i=1}^{n} x_i$$

式中，x_i 为减产序列中各年的气象减产率，n 为减产年数。

3. 产量变异系数（V）

产量变异系数（V）是均方差（又称标准差）与平均值之比，表示产量偏离平均值的程度。变异系数越大，表明气象因素导致的粮食产量稳定性越差，波动性越大，引起粮食灾损的风险越大。

$$V = \frac{\sqrt{\sum_{i=1}^{n}(x_i - \bar{x})^2 / (n-1)}}{\bar{x}}$$

式中，x_i 为时间序列的粮食作物单产，$\bar{x}$ 为粮食作物单产平均值，n 为粮食作物产量数据序列的年数。

4. 气象灾损风险指数（I）

气象灾损风险指数（I）是不同气象减产率范围（J_i）与相应出现概率 P_i（$x_1 < x < x_2$）乘积的总和。气象灾损风险指数综合考虑了气象减产率及其发生概率的影响，气象灾损风险指数越大表明粮食气象减产风险越大。

$$I = \sum_{i=1}^{n} = J_i P_i$$

为此，需要划定气象减产率范围（J_i）并求取出现的概率 $P_i(x_1 < x < x_2)$。考虑到国家自然灾害灾情统计标准关于农作物受灾面积、成灾面积和绝收面积的描述较为粗略：农作物受灾面积是因自然灾害导致农作物产量较常年减少 10% 及以上的农作物播种面积；农作物成灾面积是因自然灾害导致农作物产量较常年减少 30% 及以上的农作物播种面积；农作物绝收面积是因自然灾害导致农作物产量较常年减少 80% 及以上的农作物播种面积，在此仅作为参考。参照国家自然灾害灾情统计标准和气象灾害预警等级（一般、较重、严重、特别严重四级预警），结合减产率 5%、10% 和 30% 的界限将气象减产率 J_i 划分为四个部分：$J_i \in (0, 0.05]$、$J_i \in (0.05, 0.1]$、$J_i \in (0.1, 0.3]$、$J_i \in (0.3, 1]$，分别表示轻度灾损、中度灾损、重度灾损和特重灾损。不同气象减产率范围 J_i 出现的概率 $P_i(x_1 < x < x_2)$ 用分布函数 $F(x)$ 计算。

本研究所用序列数据为 1981~2012 年相对气象产量共 32 年，符合大样本序列条件。因此，可以建立用样本平均值 μ 代替的总体数学期望，用样本标准差 σ 代替总体方差的概率密度函数 $f(x)$：

$$y = f(x \mid \mu, \sigma) = \frac{1}{\sqrt{2\pi}\sigma} e^{-\frac{(x-\mu)^2}{2\sigma^2}}$$

概率密度函数 $f(x)$ 在一定 x 取值条件下积分得到概率分布函数 $F(x)$：

$$F(x) = \int_{-\alpha}^{x} \frac{1}{\sqrt{2\pi}\sigma} e^{-\frac{(x-\mu)^2}{2\sigma^2}} dx$$

对任何正态分布随机变量 x 落入区间 $(x_1, x_2]$ 的概率可表示为 $P(x_1 < x \leqslant x_2)$。气象减产率出现概率 $P(x_1 < x \leqslant x_2)$ 就是概率密度函数在该区间的积分，可转化为分布函数 $F(x)$：

$$P(x_1 < x \leqslant x_2) = \int_{x_1}^{x_2} f(x) dx = \int_{x_1}^{x_2} \frac{1}{\sqrt{2\pi}\sigma} e^{-\frac{(x-\mu)^2}{2\sigma^2}} dx = F(x_2) - F(x_1)$$

式中，μ 为样本平均值，σ 为样本标准差。该式计算的前提条件是序列数据呈正态分布。首先，需要对 1981~2012 年序列数据进行正态性检验。用

SPSS 软件进行正态性检验，判断数据是否满足正态分布。采用峰度 – 偏度检验法，即在 SPSS 里执行"分析→描述统计→频数统计表"，计算出数据序列的峰度和偏度。如果峰度和偏度都小于 1，可认为数据近似于呈正态分布；如果峰度（或偏度）的绝对值大于 1，且大于其标准误差的 1.96 倍，则认为数据序列分布与正态分布差异显著，数据序列不能满足正态分布。

对满足正态分布的数据序列，利用 Excel 软件计算 $F(0)$、$F(0.05)$、$F(0.1)$、$F(0.3)$ 和 $F(1)$，计算语法可采用 NORMDIST（x，mean，standard_dev，cumulative），返回给定平均值和标准偏差的正态分布累积函数值或概率密度函数值。采用 Excel 函数 STDEV（number1，number2，…）获得 standard_dev；cumulative 为 true，函数 NORMDIST 返回累积分布函数 $F(x)$。然后，代入相关公式可求出概率 $P(0 < x \leq 0.05)$、$P(0.05 < x \leq 0.1)$、$P(0.1 < x \leq 0.3)$ 和 $P(0.3 < x \leq 1)$。

对不满足正态分布的序列数据需要进行偏态分布 – 正态化转换。由于相对气象产量序列数据中负数代表减产率，采用 $\text{Log}_{10}(\text{max}-x+1)$ 进行正态化转换，其对应的减产率分布区间 $(0 < x \leq 0.05)$、$(0.05 < x \leq 0.1)$、$(0.1 < x \leq 0.3)$ 和 $(0.3 < x \leq 1)$ 也需要代入 $\text{Log}_{10}(\text{max}-x+1)$ 求出对应的分布区间。然后，再计算概率 $P(0 < x \leq 0.05)$、$P(0.05 < x \leq 0.1)$、$P(0.1 < x \leq 0.3)$ 和 $P(0.3 < x \leq 1)$ 以及粮食气象灾损风险指数（I）。

5. 气象灾损综合风险指数（Z）

气象灾损综合风险指数综合考虑了气象灾年平均气象减产率（R）、产量变异系数（V）和气象灾损风险指数（I）的影响。由于 R、V 和 I 数据序列的量纲不一致，需要采用极差化法即（x-min）/（max-min）分别进行标准化处理，将数据转换到 $[0, 1]$ 的标准化值，消除量纲影响。平均气象减产率（R）、产量变异系数（V）和气象灾损风险指数（I）都显示出其数值越大，气象灾损风险也越大，即各因子数值变化方向一致。最后，由这三个指标构建气象灾损综合风险指数（Z）：

$$Z = \frac{1}{3}(R+V+I)$$

式中，Z 为气象灾损综合风险指数，R、V 和 I 分别代表经过标准化处理后的灾年平均气象减产率、产量变异系数和灾损风险指数。

（三）研究资料

研究资料主要包括我国主要粮食作物的单位面积产量、作物灾情数据、气象观测数据资料等。1981~2012 年我国粮食作物（包括小麦、玉米、水稻）的产量数据来源于国家统计局国家数据网的分省份年度数据。粮食作物数据主要包括冬小麦、玉米、一季稻、双季早稻和晚稻等作物单位面积产量、播种面积、受灾面积、成灾面积等。

1981~2012 年气象数据来源于国家气象局的中国气象科学数据共享服务网中国地面气候标准值月值数据集。数据集内容包括我国 825 个基本、基准地面气象观测站的观测数据，主要有气压、气温、空气湿度、降水、蒸发、风、地温、日照等要素的气候标准值。

作物灾情数据来源于中国农业部灾情数据库和中国气象科学数据共享服务网的中国农业气象灾情旬值数据集。中国农业部的灾情数据库来源于《中国统计年鉴》及《中国农业统计资料》，收录了 1949 年至今的分省份、分年度、分灾种的受灾、成灾、绝收面积数据。中国气象科学数据共享服务网站的中国农业气象灾情旬值数据集包含 1991~2008 年中国农业气象观测站的农业灾情旬值报告，包括灾害名称、受害作物、灾害发生日期、受害程度、灾害强度、受害面积等。

主要参考文献

1. 矫梅燕主编《农业应对气候变化蓝皮书：气候变化对中国农业影响评估报告（NO.1）》，社会科学文献出版社，2015。

2. 陈方藻、刘江、李茂松：《60年来中国农业干旱时空演替规律研究》，《西南师范大学学报（自然科学版）》2011年第4期。

3. 黄荣辉、杜振彩：《全球变暖背景下中国旱涝气候灾害的演变特征及趋势》，《自然杂志》2010年第4期。

4. 张强、韩兰英、郝小翠、韩涛、贾建英、林婧婧：《气候变化对中国农业旱灾损失率的影响及其南北区域差异性》，《气象学报》2015年第6期。

5. 栗健、岳耀杰、潘红梅、叶信岳：《中国1961~2010年气象干旱的时空规律——基于SPEI和Intensity analysis方法的研究》，《灾害学》2014年第4期。

6. 霍治国、王石立：《农业和生物气象灾害》，气象出版社，2009。

7. 中国气象局：《冬小麦、油菜涝渍等级·中华人民共和国气象行业标准》，气象出版社，2009。

8. 高素华、王培娟：《长江中下游高温热害及对水稻的影响》，气象出版社，2009。

9. 马树庆、袭祝香、王琪：《中国东北地区玉米低温冷害风险评估研究》，《自然灾害学报》2003年第3期。

10. 张养才、何维勋、李世奎：《中国农业气象灾害概论》，气象出版社1991。

11. 中国气象局：《早稻播种育秧期低温阴雨等级·中华人民共和国气象行业标准》，气象出版社，2008。

12. 中国气象局：《寒露风等级·中华人民共和国气象行业标准》，气象出版社，2008。

13. 中国气象局：《水稻、玉米冷害等级·中华人民共和国气象行业标准》，气象出版社，2009。

14. 中国气象局：《作物霜冻害等级·中华人民共和国气象行业标准》，气象出版社，2008。

15. 胡新：《晚霜冻害与小麦品种的关系》，《中国农业气象》1999 年第 3 期。

16. IPCC WG Ⅱ. The Contribution to the IPCC's Fifth Assessment Report（WGII AR5）. Cambridge: Cambridge University Press. 2014.

17. 王丹：《气候变化对中国粮食安全的影响与对策研究》，湖北人民出版社，2009。

18. 郑大玮：《从极端天气看农业减灾的紧迫性》，《光明日报》2010 年 3 月 22 日。

19. 郑大玮、李茂松、霍治国主编《农业灾害与减灾对策》，中国农业大学出版社，2013。

20. 张淑杰、张玉书、纪瑞鹏、蔡福、武晋雯：《东北地区玉米干旱时空特征分析》，《干旱地区农业研究》2011 年第 1 期。

21. 张建军、盛绍学、王晓东：《安徽省夏玉米生长季干旱时空特征分析》，《干旱气象》2014 年第 2 期。

22. 祁宦：《夏玉米干旱综合防御技术试验分析》，《气象》2004 年第 6 期。

23. 孙元敏：《麦田湿害防御技术现状与发展趋势》，《世界农业》1994 年第 5 期。

24. 谢志清、杜银、高苹、曾燕：《江淮流域水稻高温热害灾损变化及应对策略》，《气象》2013 年第 6 期。

25. 孙培良、刘项、曹东浩、冯彩波、路政文、程宗春：《基于自然降水条件下的冬小麦生育期干旱频率及应对措施》，《湖北农业科学》2012 年第 20 期。

26. 中国气象局气候变化中心：《中国气候变化监测公报 2013》，2013。

社会科学文献出版社

皮书系列

❖ 皮书起源 ❖

"皮书"起源于十七、十八世纪的英国，主要指官方或社会组织正式发表的重要文件或报告，多以"白皮书"命名。在中国，"皮书"这一概念被社会广泛接受，并被成功运作、发展成为一种全新的出版形态，则源于中国社会科学院社会科学文献出版社。

❖ 皮书定义 ❖

皮书是对中国与世界发展状况和热点问题进行年度监测，以专业的角度、专家的视野和实证研究方法，针对某一领域或区域现状与发展态势展开分析和预测，具备原创性、实证性、专业性、连续性、前沿性、时效性等特点的公开出版物，由一系列权威研究报告组成。

❖ 皮书作者 ❖

皮书系列的作者以中国社会科学院、著名高校、地方社会科学院的研究人员为主，多为国内一流研究机构的权威专家学者，他们的看法和观点代表了学界对中国与世界的现实和未来最高水平的解读与分析。

❖ 皮书荣誉 ❖

皮书系列已成为社会科学文献出版社的著名图书品牌和中国社会科学院的知名学术品牌。2016年，皮书系列正式列入"十三五"国家重点出版规划项目；2012~2016年，重点皮书列入中国社会科学院承担的国家哲学社会科学创新工程项目；2017年，55种院外皮书使用"中国社会科学院创新工程学术出版项目"标识。

中国皮书网

发布皮书研创资讯，传播皮书精彩内容
引领皮书出版潮流，打造皮书服务平台

栏目设置

关于皮书：何谓皮书、皮书分类、皮书大事记、皮书荣誉、

皮书出版第一人、皮书编辑部

最新资讯：通知公告、新闻动态、媒体聚焦、网站专题、视频直播、下载专区

皮书研创：皮书规范、皮书选题、皮书出版、皮书研究、研创团队

皮书评奖评价：指标体系、皮书评价、皮书评奖

互动专区：皮书说、皮书智库、皮书微博、数据库微博

所获荣誉

2008 年、2011 年，中国皮书网均在全国新闻出版业网站荣誉评选中获得"最具商业价值网站"称号；

2012 年，获得"出版业网站百强"称号。

网库合一

2014 年，中国皮书网与皮书数据库端口合一，实现资源共享。更多详情请登录 www.pishu.cn。

权威报告·热点资讯·特色资源

皮书数据库
ANNUAL REPORT(YEARBOOK)
DATABASE

当代中国与世界发展高端智库平台

所获荣誉

● 2016年，入选"国家'十三五'电子出版物出版规划骨干工程"
● 2015年，荣获"搜索中国正能量 点赞2015""创新中国科技创新奖"
● 2013年，荣获"中国出版政府奖·网络出版物奖"提名奖
● 连续多年荣获中国数字出版博览会"数字出版·优秀品牌"奖

成为会员

通过网址www.pishu.com.cn或使用手机扫描二维码进入皮书数据库网站，进行手机号码验证或邮箱验证即可成为皮书数据库会员（建议通过手机号码快速验证注册）。

会员福利

● 使用手机号码首次注册会员可直接获得100元体验金，不需充值即可购买和查看数据库内容（仅限使用手机号码快速注册）。
● 已注册用户购书后可免费获赠100元皮书数据库充值卡。刮开充值卡涂层获取充值密码，登录并进入"会员中心"—"在线充值"—"充值卡充值"，充值成功后即可购买和查看数据库内容。

社会科学文献出版社 皮书系列
SOCIAL SCIENCES ACADEMIC PRESS (CHINA)

卡号：4130987683713861
密码：

数据库服务热线：400-008-6695
数据库服务QQ：2475522410
数据库服务邮箱：database@ssap.cn
图书销售热线：010-59367070/7028
图书服务QQ：1265056568
图书服务邮箱：duzhe@ssap.cn